256

中巻のはじめに

1948（昭和23）年6月1日、敗戦からの復興半ばにして戦時合併から分離（東急では再編成と呼ぶ）され、京浜急行電鉄として再出発した。しかし元々小規模経営の多かった関連事業は合併時に規模の大きな東横系に吸収された業種が多く、鉄軌道業以外の関連会社を失った状態であった。こうした状況に会社一丸となって鉄軌道を軸に復興の決意を表明し、1年後の7月には輸送力増強計画を打ち出した。

戦争によって多くのものを失ったが、その復興に弾みをつけたのは皮肉のも隣国の戦争による特需で、これを足掛かりに京急沿線にある基幹産業が本格稼働を始め、経済的な立ち直りを見せはじめた。雇用の拡大は通勤輸送を増加させ、国民生活にもゆとりが生まれ行楽輸送に活況をもたらすことになり、京急の復興二本柱として京浜間に並

行路線を有する京急の環境から必然的に緩急結合の高速運転を目指すことになる。

230形は疲弊した車輌の中でまとまった数と高性能を有していたことから、その後新造される車輌に輸送の主役を任せるものの、それらの車輌の性能をいかんなく発揮させる下支えとしての役割を担うことになる。

東京都と神奈川県の都県境・多摩川を渡るデハ273＋クハ156＋デハ272の３輌編成。
1956.12.19　京浜川崎―六郷土手　P：柴橋達夫

1. 京浜急行電鉄の発足

1) 本線直通運転の復活

大師線を除き1500Vで統一されたにもかかわらず横浜を境に分断運転を行っていた本線は、1,500V単電圧の新車デハ5400形10輛の全車就役をみて、京浜急行電鉄が発足して間もない1948(昭和23)年7月のダイヤ改正で品川～浦賀間の直通運転が再開された。初めて横浜以南からの直通列車が京浜間に入線してきた車輛の印象は、川崎工場で整備されていた京浜間の車輛に較べ一段と疲弊した姿であったという。

社名の「急行」は名ばかりの全列車が普通列車であり、品川～浦賀間は所要111分を要し10分間隔24運用、品川～京浜蒲田間の区間列車が10分間隔5運用、横浜～金沢八景間の区間列車は10分間隔9運用が基本設定されていたが、区間列車は全列車が運転されていたわけではなかったようである。本線直通運転が可能な旅客営業車はデハ5230形52輛、デハ5300形20輛、デハ5400形10輛とそれに連結運転が可能なACMブレーキ付の制御車で、単行または2輛編成であった。なお大東急時代の5000番代車号から5を消し3桁車号とした車輛は年末頃から姿を見せ始めた。

穴守線(現：空港線)は依然1線が接収されたままで、中間駅に待避設備がない全線単線運転で20分間隔1運用の運行であった。本線と同時に1,500Vに昇圧され、600V電動車からデハ230形に代わったが、28kgや30kgレールを使用しており線路状態は極めて悪く、スピードを上げると脱線するかと思われる動揺でパラレル運転は禁じられ、シリーズ運転に抑えられていた。

川崎市電との関連により600Vで残された大師線はデハ120形7輛、デハ140形8輛が主力となってお

デハ230形＋クハ140形＋デハ230形の下り浦賀行普通。編成両端のデハ230形はいずれも元湘南デ1形。

デハ5276。京浜急行電鉄となり品川～浦賀間の直通運転が開始されたが、まだ改番が行われていない。
横須賀中央　撮影：原 信太郎
所蔵：原鉄道模型博物館

り、それに明治生まれのデハ110形（大正期に車体更新されている）２輌が残っていたが、これらの制御車化したクハ120形、クハ140形とは制動方式が異なるため連結運転はできず、オール電動車編成による２輌編成もしくは単車運転が行われていた。他線の昇圧により複電圧車のデハ230形は10輌を残し1,500V単電圧化が行われた。

2）３輌編成再開

1949（昭和24）年７月、３輌編成運転が再開されると社史では記述されている。それ以前の３輌運転については上巻でも述べたが、1939（昭和14）年９月の３輌編成運転認可とあるだけで、具体的な３輌編成運転の状況については語られていない。戦時中の大師・穴守線の状況は不明なことが多いが、大正生まれの600V木造電動車であるデハ5100形３輌を戦中に電装解除されてサハ5100形付随車に改造して穴守線や600V区間の本線でデハ5120形やデハ5140形の中間に挟みMTMで運転されていたと目撃談もあり、実施されていたのは事実のようである。また終戦直後大東急時代は連合国軍の輸送のため単線化された穴守線で３輌編成運転により輸送力の確保をしていたことが、原信太郎氏撮影の写真によって記録されている。

京急の公式３輌編成運転再開は、1949（昭和24）年夏期海水浴シーズンに戦後初めて品川～逗子海岸間直通の浮き輪をデザインした方向板が掲げられた海水浴列車の運行ではじめられた。この列車はやがて夏季輸送の主力となる海水浴特急へと発展してゆくことになるが、この年は正式には直通列車という名称で運転されている。実質は途中通過駅もあり急行列車であった。翌年からは正面に掲げた方向板に急行と標記された。デハ230形の小型車３輌や大型車２輌で運行され、これが戦後の３輌編成運転開始とされているが京浜急行電鉄としての３輌編成運転の開始であった。

この年の春にはすでに春秋の行楽輸送の端緒として休日不定期のハイキング列車の運行が開始されており、復興から発展の時代への着実な歩みが始まりをみせた。

1950年秋　馬堀海岸―浦賀　P：高松吉太郎

学校裏(現：平和島)で、大型車に混じって230形も活躍する浮き輪のデザインの海水浴逗子線直通急行が離合する。
1950.7.2　学校裏　P：宮田雄作

3) 定期急行の運転開始

1950(昭和25)年春には学校裏(現：平和島)駅の待避設備の完成もあり、品川～浦賀間の本線に定期列車の準急と急行運転が開始された。急行は途中、学校裏と金沢八景で普通を待避する緩急結合ダイヤを目指す第一歩となった。これら速達列車に充当する車輛は、新造車輛の大型車が主にその任に就くが、その間を走る緩行列車も速達列車の足を引っ張るような性能では新造大型車輛の性能を十分に発揮できないことになる。その点では小型車で収容力は劣るものの当時の新造車輛に匹敵する高加速性能を保有するデハ230形は、その総数も52輛とまとまった数があり、緩急結合運転の下支えとして重要な役目を担っていくことになる。

品川～浦賀間の直通運転が始められても、乗務員は川崎乗務区と金沢文庫乗務区での人事交流が始められたのは後のことで、川崎乗務区は品川～金沢文庫間、金沢乗務区は川崎～浦賀間を担当しており、途中折返しで他の乗務区での休憩も知る人も少なく片隅でひとり新聞などを読んで過ごしていたという。また横浜駅

金沢文庫を発車した品川行普通列車。行先方向板がなくチョーク書きの行先表示。最後部の窓に掲げられた円板は連合軍専用車の代用を意味する。
金沢文庫　撮影：原 信太郎　所蔵：原鉄道模型博物館

1,500Vに昇圧された穴守線は１線接収されたままの単線運転が続いており、230形による運行が行われていた。
1950.10　稲荷橋　P：柴橋達夫

では、川崎区と金沢区のそれぞれ乗務員のために宿泊所があったが、朝には「京浜さん」、「湘南さん」と呼ばれて起こしにきたという。

連合軍専用車輛は1950（昭和25）年10月９日にクハ158号とクハ351～353・360号の５輛が指定解除となった。1951（昭和26）年講和条約が締結され、翌1952（昭和27）年４月には発効となり連合国軍の進駐による占領状態から独立国として再出発することになり、残る連合軍の専用車輛も接収解除の方向に向かうことになり、1951（昭和26）年９月末には運転室側扉の窓下に書かれたOFF Limitsの注意書きが消され、進駐軍専用車輛の接収解除も始まっている。残るクハ354～359号が正式解除されたのは1952（昭和27）年２月29日付であった。

京急となってから連合軍専用車となったクハ350形356号。専用室は1/3から1/2に拡大されている。　1950.4.14　品川　P：市川健三

昇圧により投入されたデハ290形と電装解除されたクハ120形による大師線の２輌編成。デハ292＋クハ121。
1954.9.6　塩浜―小島新田　P：柴橋達夫

4）全線1,500V統一

1951（昭和26）年３月16日大師線の京浜川崎～塩浜間を1,500Vに昇圧した。その先塩浜～桜本間は600Vで残され、この区間は川崎市電の車輌による運行とされ実質的に川崎市電の路線となり、翌年１月１日には正式に川崎市に譲渡された。大師線に残っていた600Vの電動車デハ120形とデハ140形は、同線の昇圧により電装解除を行い1,500Vの制御車となり、全車クハ120形とクハ140形となった。また大師線や穴守線など支線車輌の増強策として、不足する電動車を補うためクハ350形４輌の電装と、電動有蓋貨車の改造名義で新造した２輌を加えたデハ290形の電動車６輌を投入した。これらによるMTの２輌編成運行が行われることになり、デハ230形は支線運用から引き揚げられ、本線運用に転用された。

本線では大型車の２輌編成やデハ230形の中間にクハ140形やクハ350形を中間に挟み込んだ３輌編成、デハ230形２輌の浦賀方にクハ350形を連結した３輌編成が主に普通運用で使用され、急行運用ではさらにデハ230形を１輌連結した４輌編成が見られた。クハ140形は浦賀方に運転台が残されていたが本線運用では立って運転を行い、客室との仕切りはHの字に組んだポールのみのため編成の先頭に立つことはなかった。電装解除したクハ140形は元より軽量車体でブリル台車の乗り心地に定評があったが、高加減速のデハ230形に挟まれてふわふわと木の葉のように揺れる様は、郊外電車とインターアーバン系の車輌を連結したちぐはぐな編成形態とともに印象強いものがあった。

またデハ230形は通常は行われない大型車との連結も運用の都合で行われることもあり、デハ400形を除きデハ300形やデハ420形とは連結器の高さが異なるもののK-2-A連結器は上下左右に遊びがあるので、大型車の連結器の上に乗り体重で高さを調整して連結を行った。

デハ265＋クハ153＋デハ281＋デハ258の４輌編成による品川発浦賀行急行。 1954.8.3 馬堀海岸—浦賀 P：柴橋達夫

本線終点の浦賀駅。品川へ向けて急行列車が出発する。 1952～1953年頃 浦賀 P：鈴木靖人

2. 緩急結合運行の展開

昭和20年代後半のスピードアップは目覚ましいものがあり、待避設備の整備による緩急結合ダイヤの発展に準急・急行に加え特急列車などの速達列車も充実していった。スピードアップは1950(昭和25)年最高運転速度の80km/h認可を皮切りに、曲線緩和や軌道強化、列車待避設備を新設、第一種継電連動装置、自動遮断機を備えた踏切、速度制御式の警戒、減速信号、急緩行選別装置などの施設や保安設備が整えられていった。

すでに急行列車は運転されていたが、1957(昭和27)年3月学校裏、上大岡に続き子安に待避設備が完成したことによりダイヤ改正が行われ、追い抜きを効果的に行いスピードアップを実現した。これが京急による緩急結合ダイヤの本格的なスタートであった。しかし当時小型車4輌停車可能駅は品川、子安、上大岡、横須賀中央、馬堀海岸、浦賀、逗子海岸のみであったため、急行停車駅をはじめとして14駅を65m以上に延伸するホーム延伸計画が立てられ、9月には急行3運行について4輌編成運転を開始している。4輌連結運転の実現後の構想としては当面更なる列車編成輌数の増加は行わず、列車間隔を詰めることにより待たずに乗れ、速い京浜急行を目指したいとしていた。しかし輸送量の増加は著しく更なる編成輌数の増加をせざる得ない状況はすぐに訪れた。

1953(昭和28)年の7月には90km/h認可となり速達列車のスピードアップに反映され、これに反し普通列車は速達列車の待避などで運転時分の大きな短縮は見られなかった。本線の急行や準急は主に戦後新造された500形や600形によって運行されるがまだ絶対量が少なく、依然として小型車の230形も使用され続け大型新造車と連携して緩急結合運行の一翼を担っていた。特に普通列車はもとよりその加速の良さに急行列車にも重用された。夏期の海水浴ダイヤには臨時特急としてデハ230形やクハ350形も駆出され逗子海岸を目指して走った。

ハイキングや海水浴の行楽特急は目覚ましい成長をとげていたが、1954(昭和29)年3月の春に平行路線の横須賀線との対抗としてついに平日の朝1本であったが通勤輸送の特急運転が始まった。

分離5年の1953(昭和28)年まで車輌数は135輌から158輌へ、輸送人員は25%増加している。定期旅客は36%増加、定期外旅客は28%の増加が見られ通勤と観光路線との2本柱で臨んだ方針を堅調に歩んでいたといえる。

このため車輌の増加に川崎、文庫車庫に収容しきれない車輌が横浜、京浜川崎、金沢文庫、上大岡の各駅に終車後留置する状況になり、神奈川新町に1953(昭和28)年11月に車庫が竣功した。当時の構想では国鉄線との間の米軍接収地の解除が行われれば第二期工事として狭隘となった川崎、金沢工場に代わる総合工場を建設する計画もあったようである。

懸案であった品川〜北品川間の併用軌道区間を1956(昭和31)年6月17日下り線、27日上り線開通、曲線を緩和した専用軌道区間に切り替えが行われた。これにより車輌間の貫通路の使用制限が解除となり、大型在来車の2輌貫通固定編成化が始まるが、小型車については本格的な更新工事まで先送りとなった。

クハ350形361号を先頭にした逗子海岸行急行列車。穴守線の分岐駅であった京浜蒲田駅も、この半世紀後の姿を誰が想像したことであろう。
1959.7　京浜蒲田　P：友田雅之

品川ー北品川の下り線のみが併用軌道から専用軌道に切り替わった直後の下り浦賀行４輌編成急行。　1956.6　品川ー北品川　P：吉村光夫

デハ233＋クハ143＋デハ232＋デハ240の４輌編成海水浴特急。大型車だけでは間に合わず、小型車も援軍に駆り出されていた。
1953.7.26　品川―北品川　P：吉村光夫

3. 支線の復興と展開

逗子線と久里浜線は大型車輌が入線できることもあり、本線直通運転により運用の一体化が図られていったのに比べ、大師線や穴守線は京浜電気鉄道時代の初期に開業した路線で線名のとおり川崎大師、穴守稲荷への参詣路線であった。大師線は京浜川崎～港町間旧六郷橋駅付近の和合橋、穴守線は京浜蒲田駅構内から京浜第一国道の横断にかけてそれぞれ急曲線があることなどから、永らく大型車輌の入線はできず小型車のみで運行する路線で、大型車の導入は230形の引退を契機に行われたが、当時は京急のハイキング・海水浴とともに三大行楽輸送のひとつである年始輸送を担い、加えて沿線工場への通勤路線でもあった。

1）逗子線の海水浴輸送

逗子線は1949(昭和24) 年夏から海水浴輸送に品川から直通の急行運転が始められていたが、通常期の列車は主に小型車のMTの２輌編成による金沢八景折返しの普通列車で３運用10分間隔運転となっていた。

1953(昭和28) 年の夏季海水浴輸送では休日に小型車４輌編成も加わって品川～逗子海岸間に大増発の特急運転が行われた。前年の３往復に較べ20分間隔の不定期特急で、ハイキング特急と同形の大きな絵入りの種別板を掲げての運行であった。まだ海水浴の文字はなく単なる特急表示であったがデハ230形やクハ350形も駆出され、中間にはクハ140形も連結されるなど京急の夏季は車輌総動員の体制で臨んだ時代の幕開けであった。

逗子線ローカルは末期の木造車クハ120形も活躍していた。
1957.1　湘南逗子―神武寺
P：吉村光夫

この後、1958(昭和33)年６月に湘南逗子～逗子海岸間が複線化され、品川からの大型車による６輌編成が「海水浴特急」と正式に命名され海水浴客を満載して走り、逗子線海水浴輸送の最盛期を迎える。

2）久里浜線の本線直通運転

戦時中に単線で開業した久里浜線は1954(昭和29)年７月まで主に小型車のMT編成１運用による横須賀堀内(現：堀ノ内)～湘南久里浜(現：京急久里浜)間を20分間隔で終日運行する長閑な路線であった。久里浜線は横須賀堀内～湘南井田(現：北久里浜)間の複線化と共にわが国初の列車集中装置(CTC)を導入、本線直通運転開始された。このダイヤ改正で平日朝の特急が１本から３本に増発となり折返し下り列車の１本は湘南久里浜行となっていた。同時に急行が終日運転となるほか準急が廃止となり、日中の急行はすべて浦賀行であった。久里浜線直通は全列車普通列車で、本線浦賀の地位は揺るぎなかったが、徐々にその座を譲り、やがて逆転することになる。1959(昭和34)年３月15日には湘南井田～湘南久里浜間が複線化され、野比への延長工事が始動することになる。

3）穴守線の複線化と延伸

1952(昭和27)年11月接収が解除された穴守線は海老取川から先の復旧はかなわなかったが稲荷橋(現：穴守稲荷)までの全線複線運転を再開した。MT編成１運用で20分間隔運転は解消され、デハ290形とクハ140形２輌編成２運用10分間隔に増強され、運転時分も京急蒲田と稲荷橋間８分から６分にスピードアップされた。

1955(昭和30)年３月、朝夕ラッシュ時に２運用を３運用に増発して５分間隔に短縮され、さらに1956

デハ246＋クハ140形＋デハ230形で編成された品川発湘南久里浜行普通列車が北品川の併用軌道を行く。
1955～56年　品川―北品川　P：梅木隆史

クハ358を先頭とした３輌編成で、第一京浜国道と交差する鈴ヶ森付近を行く湘南久里浜行急行。
1958.2　立会川—大森海岸　P：吉村光夫

本線と直通運転の始まる前の久里浜線ローカル運用に、クハ140形との２輌編成で就くデハ230形。戦中に開業した久里浜線では、京急では珍しい木製の架線柱が見られた。
1953.4.14　湘南久里浜—湘南井田　P：吉村光夫

穴守線入庫車（デハ257＋クハ154＋デハ258）。下り本線を横断して上り本線に入り、折返し遠方に見える渡り線を使って川崎に入庫する。
1959.7.2　京浜蒲田　P：柴橋達夫

（昭和31）年４月20日稲荷橋駅を穴守稲荷に改称して海老取川西岸まで単線で500m延長して初代羽田空港駅を開業した。しかしここから海老取川を渡り羽田空港に乗り入れるには半世紀を待たねばならなかった。穴守線は平日最大３運用でMT編成２本とMTM編成１本でラッシュが終わると日中はMTM編成が京浜川崎へ回送となり、休日はMTの２輌編成２運用で終日運行していた。穴守線も穴守稲荷の参詣のため大晦日はMT編成１運用20分間隔運転の終夜運転が行われ、年始や節分にも増発運転が行われていた。

京浜蒲田駅を発車し第一京浜国道の踏切に差し掛かる穴守線列車。左の線路は本線との連絡線。クハ360＋デハ277。
1960.10.15
京浜蒲田―糀谷
P：柴橋達夫

年始の大師線品川直通急行列車。ダルマをデザインした方向板が特徴。下りは川崎大師で折返しができないので産業道路行となっていた。
1960.1　川崎大師　P：友田雅之

4）大師線のダルマ急行

大師線は1952(昭和27）年の大晦日から終夜運転を再開したが、戦災で焼失した川崎大師の本堂の再建に合わせて大師線の輸送力増強が図られることになり、1956(昭和31）年から京浜川崎駅と川崎大師駅の改築、港町駅の移設工事が開始された。10月17日からは大師線のCTC運用を開始、ラッシュ時の３輛編成運転が始められ、12月にはスピードアップが行われた。また京浜川崎駅構内の配線変更により本線との直通運転が可能となったため、1957(昭和32）年の正月は京浜川崎駅の大師線ホームが３輛編成停車可能となり川崎大師駅舎も改装となったこともあり、大晦日からの終夜運転と年始に本線の品川から川崎大師間の直通急行が、京浜川崎～川崎大師間は無停車で10分間隔により運転された。この時、大師線直通急行がダルマをデザインした方向板を掲げ、これがその後年末年始の「ダルマ急行」として定着した。ちなみに230形が引

正月で賑わう川崎大師駅前。駅前広場には未舗装の部分も見られる。　1960.1　川崎大師
P：友田雅之

浦賀方に乗務員室を備えたデハ290形(292)と、運転設備を品川方に変更したクハ140形(157)による大師線列車が旧港町駅付近を行く。 1958.12.12
港町ー鈴木町
P：柴橋達夫

退し本線直通運転が行われなくなった後も干支を描いた方向板に替わり、大晦日から年始にかけて三が日のみならず２月３日の節分までの土休祝日に掲出するようになっている。同年10月には京浜川崎駅の改築工事がすべて終わり、この年の年末年始には「ダルマ急行」は一部４輌編成運転となった。1958(昭和33)年５月には念願の川崎大師本堂再建が成り御遷座式が盛大に執り行われ、年末年始と同様に品川発の「ダルマ急行」を運転して輸送に当たった。

平時の大師線は平日、休日とも最大５運用で、平日ラッシュ時はすべてMTMの３輌編成、閑散時は３運用でM車を１輌分割してMTの２輌編成で運転しており、休日はMTの２輌編成３運用とMTMの３輌編成２運用で、ラッシュが終わると３輌編成は入庫してMTの２輌編成３運用で運行となっていた。

穴守線と大師線で主に運行されていた木造制御車クハ120形10輌は、600(Ｉ)形B.C車への更新名義で1958(昭和33)年に姿を消すと、これを補うため本線運用の半鋼製のクハ140形５輌が大師線の増強用として、運転室の向きを品川方に変えて大師線に入線した。

1959(昭和34)年正月は大晦日からの終夜運転では「ダルマ急行」の全列車を４輌編成として元旦始発まで10分間隔運転した。三が日は日中「ダルマ急行」を10分間隔、大師線内普通は平均５分間隔、「ダルマ急行」が運行している間の本線急行は、京浜川崎～品川間の立会川と青物横丁には停めず特急として運行された。

都営地下鉄１号線(浅草線)は京成側から着手されたため相互直通運転が開始されるまで増備された1000(Ｉ)形は自社線内の輸送に振り向けられ速達列車の増発、長編成化が図られた。230形はおおむね本線運用が金沢文庫所属、大師・穴守線の支線運用が川崎所属として分散配置が行われていたが、新造車輌の大量投入により小型車の本線運用が減少となり、支線運用の増強に向けられることになった。

本線を品川に向かう４輌編成の大師線内発の直通急行。
1960.1.2　京浜蒲田　P：柴橋達夫

特急停車駅だった頃の子安駅での二重待避風景。急行の後ろに普通が縦列停車しており、特急が普通と急行の２本を追い抜く。久里浜線直通の特急は高性能車700(Ⅰ)形、逗子線直通の急行はクハ350形を先頭とした編成。 1958.9 子安 P：吉村光夫

4. 高性能車の導入以後

1958(昭和33)年５月に京急初の高性能車700(Ⅰ)形が40輌揃い、本線平日朝のラッシュ時の特急６輌編成も増え日中は２輌編成で走っていた特急も終日４輌編成になった。また逗子線湘南逗子～逗子海岸間が複線化され、夏の海水浴臨時特急は正式に「海水浴特急」と命名されて６輌編成運転となった。さらに９月に逸見駅の待避設備が完成、最高運転速度100km/hの認可を得て大幅なスピードアップが実現、京急が目指していた緩急結合運転も一応の完成をみた。これに遅れること２ヶ月後の11月には京浜川崎～浦賀間の普通列車が４輌編成運転を開始、さらに翌年６月には品川～京浜川崎でも４輌編成運転が開始され、本線全線で普通列車の４輌編成運転が実現した。

700(Ⅰ)形の投入以降、都心乗入試作車800(Ⅰ)形、そして1000(Ⅰ)形の大量増備が毎年続けられることにより、加速性能に優れていたデハ230形は、高性能車による速達列車の合間を縫って加速減速を繰り返して走る普通列車には重宝がられていた。加えて両側に運転室を備えているため輸送需要に合わせて柔軟な増結解放が可能な融通性に富み重宝がられた車輌であったが、本線小型車運用を大型車に代え輸送力増強を行い、支線に転用して増発運転が行われるようになった。大師線や穴守線の列車編成も２輌から３輌へと増加が図られ、木造車クハ120形が更新名義で消えた1958(昭和33)年以降はデハ290形やクハ140形に加えて本線運用が多かったクハ350形も投入、本線でも余剰気味となってきたデハ230形も徐々に支線運用が増えていった。大型車の入線ができない大師・空港線の年末年始輸送とともに、年々増加する通勤輸送を担っていたのである。

待避線のない黄金町において、下り逗子海岸行普通列車を上り線に転線して待避させ、ノンストップハイキング特急が追い抜くシーン。 1958.9 黄金町 P：吉村光夫

420A形のMT編成と連結したデハ230形。連結器の高さが異なる大型車との連結も見られた。　1960.5　日ノ出町―黄金町　P：吉村光夫

クハ356を先頭とした特急「こざくら」品川発逗子海岸行。通常700（Ｉ）形の運用だが運用番号表示もなく、小型車が何らかの都合で臨時に充当されたものと思われる。　1961.1.20　上大岡　P：福井紘一

49

デハ277＋クハ158＋デハ260の
品川行直通３輌編成。
1954.8.3　湘南久里浜―湘南井田
P：柴橋達夫

5. 分離直後の車輌

1) 車輌の改番

大東急からの分離にともなって、他社では合併時に改番された車輌形式を踏襲したが、京急では元の番号に復することはなかったものの、車輌形式はコンパクトにまとめるといった伝統か、はたまた5(五)という数字が気に障ったのだろうか同年12月23日車号変更届けが提出され、5000番代の車輌形式から頭の5を取った3桁の形式となった。デハ5230形はデハ230形231～285号(戦災車3輌は欠番)に、クハ5350形はクハ350形351～361号に改められた。しかし、連合軍専用車輌は連合軍との間で齟齬があったのか、3桁番号に変更した後再び5を書き加えることもあり、完全に3桁車号に書き換えられたのは1949(昭和24)年の晩春頃で、京浜急行電鉄成立以降もそれまでは5000番代の車号を付けた車輌が一年近くも見られた。

既に戦前から休車状態であった木造車輌は大東急統合による改番も書類上のことで、京浜急行電鉄成立時でも旧京浜電鉄の車号のままで留置されていたものもあった。

立派な金属製の切抜き文字の車号は戦中の金属供出の憂き目にあい小ぶりなペイント書きの標記に変わり、大東急時代には側面にT.K.K.が一部の車輌に標記されていたが、分離後はすべての車輌に京浜急行電鉄の略称としてK.H.Kの略号に改められた。車号は戦前のような大きく立派なものではないが両側面、両妻面にそれぞれ1ヶ所小ぶりなペイント標記が行われた。しかしペイント書きの車号や標記は車輌塗装と同様に退色が激しく、定期検査から日が経つと読み取れないような車輌も見られた。切抜き文字が復活するのは1950(昭和25)年製のデハ420B形からで、デハ230形など小型車は昭和30年代後半の更新以降となった。

2) 1,500V 昇圧対応

1947(昭和22)年12月に大師線を除く、元京浜電鉄線の区間の架線電圧を600Vから1,500Vに昇圧されており、複電圧車輌のデハ230形やデハ300形から複電圧装置の撤去がはじめられたが、大師線が川崎市電との関係により600Vで残っていたので、デハ230形の10輌とデト20形の2輌が複電圧車として残されていた。デト20形は本線が1,500Vに昇圧されたので大師線入線や、600V車で残っていたデハ5120形やデハ5140形が川崎工場入場の際、1,500Vの本線を横断するための牽引車としていた。複電圧車の1,500V単電圧車変更申請は1949(昭和24)年11月4日に提出され同年12月10認可、同20日に竣功届が出されている。

1951(昭和26)年3月、大師線の塩浜～桜本間を川崎市電の車輌運用に変更(翌27年1月1日を以って川崎市に譲渡)、京浜川崎～塩浜間を1,500Vに昇圧、京急全線が1,500Vに統一され、残されていたデハ230形などの複電圧車輌も1,500V単電圧車に改造された。

木造のデハ120形と半鋼製のデハ140形はすでに戦時中から予備品確保のため一部の車輌の電装解除が行われていたが、昇圧により全車が1,500Vの制御車となった。クハ120形は戦時中の電装解除車は浦賀方の運転室を残したが、昇圧による電装解除車は品川方の運転室が残された。クハ140形は全車浦賀方の運転室が残された。また戦災復旧のクハ350

初代デハ400形デハ402号とデハ230形262号。
1950.4.15　川崎車庫　P：市川健三

形とその一部を電装したデハ290形はいずれも浦賀方に運転室を設けた。

元デ１形はデ71形以降の形式車と台枠構造が異なるとともに床下機器配置も異なっているが、231 ～ 255号は単電圧化に伴って床下の艤装が大幅に変更された。山側にあった転換開閉器の撤去後に主抵抗器が海側から移動し、主抵抗器のあった場所には接地ヒューズ、主ヒューズ、接地スイッチなどが配置され、山側の主抵抗器の隣には従来の第一、第二元空気溜に加えて付加空気溜を枕木方向に並べる配置に変更している。元京浜デ71形以降の256号～も複電圧装置の撤去により一部の機器配置が変更されたが、配置の統一化は行われなかった。

デハ230形281号。アイボリーとマルーンの塗装も塗って間もない時は美しかった。
1950.10　川崎車庫　P：柴橋達夫

3）塗色

戦中戦後は塗料の供給も厳しくなり色調の調整などと言ってはおられず、防錆のための外板保護という塗料本来の役目を果たすのみのものとなった。さすがに緑や青に塗られはしなかったが、伝統の赤とは程遠く、ピンクがかったものや全くブドウ色やマルーンといった百花繚乱、さらに塗料の品質低下によりたちまち退色や剥離が生じ、車輌の洗浄も滞りが

汚れて見る影もないアイボリーとマルーン塗装のデハ230形252号。後方に赤と黄色に塗られたデハ230形が見える。
1951.3.21　金沢文庫　P：柴田重利

ちで何色かすらもわからない状況であった。1948(昭和23)年、京浜急行電鉄としての初の新車デハ420形は深紅の赤で出場し徐々に状況は改善されていったが、一般検査の一部を委託していた東急横浜製作所の出場車も当初はマルーン塗装であった。

お堅い国鉄の80系電車がオレンジと緑の塗色を装って登場後、私鉄各社でも車輌の明快化が進められ、1950(昭和25)年４月以降デハ409－デハ410号の一般検査出場車輌から腰板をマルーン、上部をアイボリーとした上品な２色塗り分け塗装が始められた。

デハ230形では257号から塗り分けが始められた。ところが上部のアイボリー塗装色は幕板から雨樋までとしたため、集電装置からのカーボン粉が雨で流れてたちまち汚れが目立ち始め、翌年の新造車デハ500形に採用した窓周りを黄色、腰板・幕板を赤とした派手な塗り分けに変更した。当時は一般検査と称してほぼ年１回定期検査が行われ、塗装も塗り直されたが、ペイントの品質もあってか検査入場に近づく頃には黄色はくすみ、赤はピンク色に退色していることが多かったため、退色を考慮して敢えて派手な塗装としたのかもしれない。連合軍専用車に指定されていたクハ350形も末期は２色の塗り分けとなっていた。

京急の塗り分けの特徴は他社ではその塗り分け区分をウインドシルから上部を腰板部と塗り分けることが多いが、京急の場合は窓が大きく腰板が低いのでこの塗り分けだとバランスを欠くため、ウインドシルは腰板色としていることである。この塗り分けは当初のマルーンとアイボリーの塗り分けから、その後の赤黄でも窓下ウインドシルを腰板色することでバランスをとり、白帯塗装でも窓下直下に引かれている。なお大型車は1953(昭和28)年製の600(Ⅰ)形から白帯塗装(当初は100mm幅で正面に回らず)となり、昭和30年代以降は在来大型車も次々と白帯塗装(150mm幅、車体全周)に変更されたが、小型車は車体更新時期まで赤黄塗り分けで残っていた。

4) 防火対策

1951(昭和26)年４月、復興整備が一段落を迎える時期、国電桜木町駅構内で発生した戦時設計のモハ63形による架線事故を起因とした火災事故で多くの死傷者を出したことを契機に、車輌の防火・不燃化、避難通路の確保が叫ばれ、京急ではデハ230形とデハ300形が72輌の客室内南方の掴み棒(センターポスト)の中に通していた1,500Vの母線を、急遽運転室内を通るように改造して1951(昭和26)年12月28日付で竣功届を行った。また通達による建設規定改正により集電装置に木台を設け二重絶縁とすること、非常ドアコックおよび非常通報装置(ブザー)の増設、屋根および天井の改修などの対策が行われ1952(昭和27)年10月20日竣功届が行われた。これと併せて敗戦の混乱期にガラスの破損防止や窓から乗降させないように増設した保護棒を、今度は窓から脱出できるように撤去や取付け位置の変更が進められた。非常時の避難路としての貫通路設置については1951(昭和26)年の新造車デハ500形から広幅貫通路が設けられることになったが、在来車は品川～北品川間の専用軌道区間の急曲線区間専用軌道化以降まで先送りとなった。

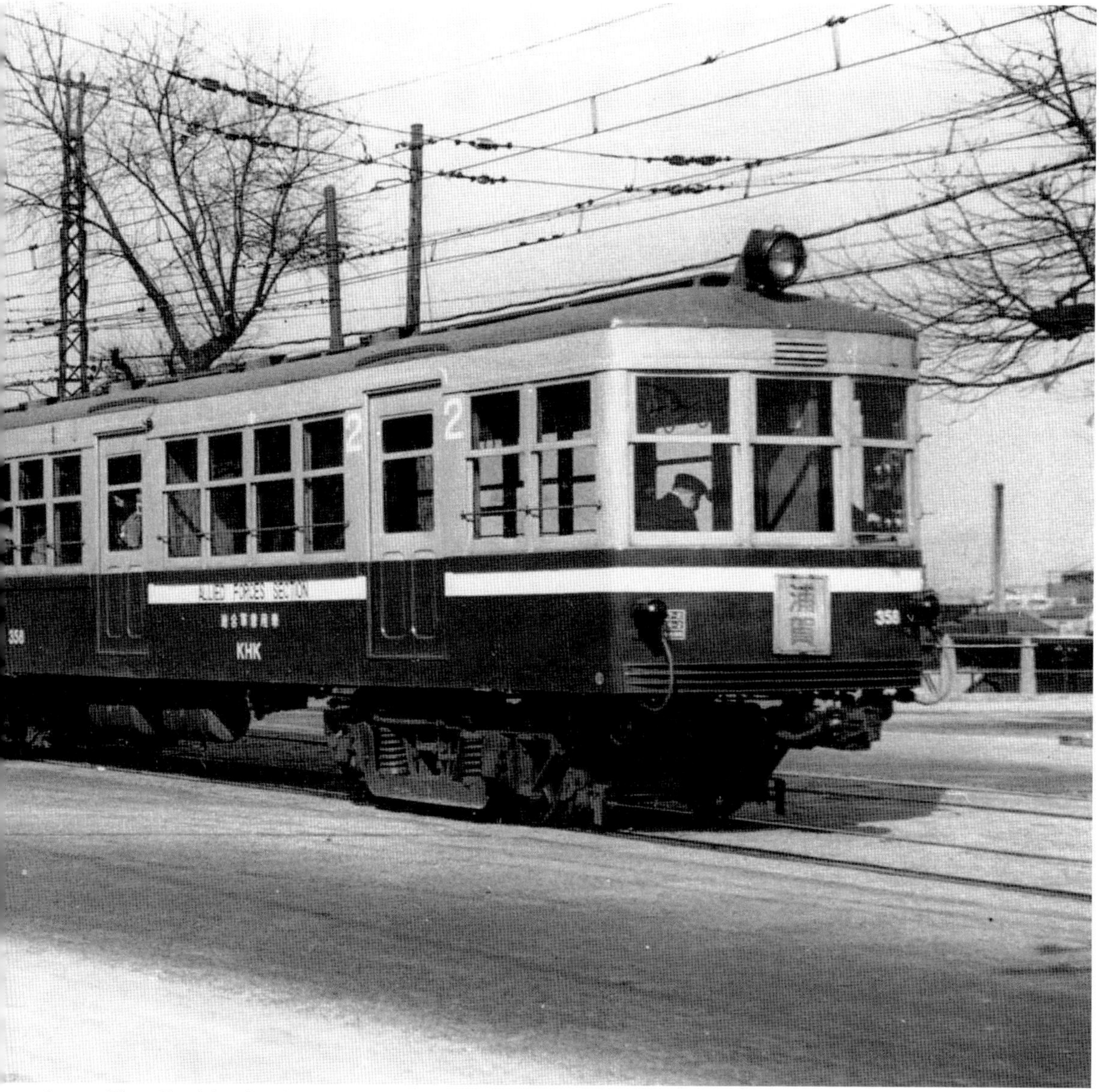

クハ350形358号。連合軍専用車もアイボリーとマルーンの塗り分けになった。専用車の白帯はウィンドシル下となっている。山側品川方の運転室扉は埋められ、窓に改造されている。
品川―北品川　撮影：原 信太郎　所蔵：原鉄道模型博物館

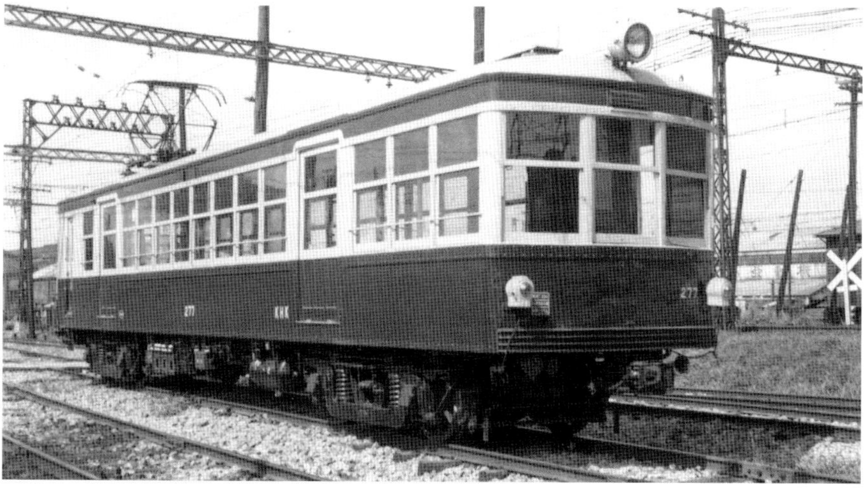

アイボリーとマルーンの塗装に代わり赤＋黄塗装となったデハ277号。
1951.8.26　川崎車庫
P：長谷川弘和
(所蔵：福井紘一)

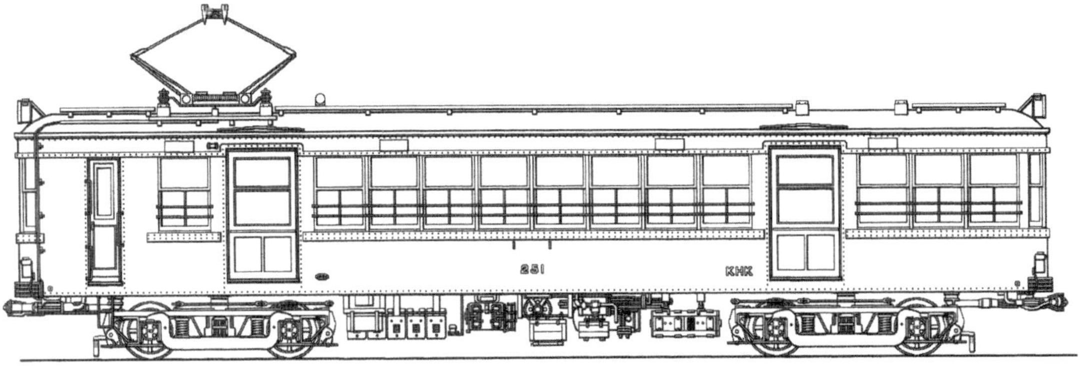

デハ230形　1950(昭和25)年頃のデハ230形の姿。車輌整備には各車で個体差があるが、まだ小割りの窓桟や増設された窓の保護棒などが残っている。
作図：佐藤良介

6. 小型車の状況

1) デハ230形

東京急行電鉄への合併で湘南デ１形、京浜電鉄デ71形、京浜電鉄デ83形、湘南電鉄デ26形の４形式55輌はデハ5230形に形式統合され、京浜急行電鉄の成立にともないデハ5230形はデハ230形となったが、戦災で３輌を失い52輌となった。戦災車は制御車クハ5350形として復活した。

デハ230形に統一され各形式の固有の特徴である設備などは戦時体制によって失われたものもあるが、湘南デ１形の品川方の集電装置の取付台、湘南デ１形と京浜71形の71や72号の側面に見られた幕板の通風口、京浜デ83形や湘南デ26形の正面幕板部の通風口など、それぞれの特徴を残していた。またデハ284号となった湘南デ30号は、戦中に運転室背後の座席が唯一撤去されずにいたが、これは更新されるまで存在していた。

デ１形とデ71形のボックスシートとともに、金属製部品の供出によりリコ式吊手や運転室仕切りにあった琺瑯引の金属製の手摺などは木製に代わり復することはなかったが、板張りのベンチ然の座席や一部が撤去されたものも整備が始まり、窓ガラスの代用板張りは少なくなったが、小割りのガラスによる桟が目につく車輌はまだ存在した。前照灯は幕板部に設けていた旧デ１形とデ71形を含め全車が屋根上に変更してい

デハ254号。1,500V単電圧化が行われ床下機器も配置変更されている。主抵抗器のあったところには各スイッチやフューズが設置された。
1950.5.22　金沢文庫　P：長谷川弘和(所蔵：福井紘一)

デハ230形284号室内。この車に唯一戦前からの運転室後部の座席が一部残っていた。　1961.2　塩浜　P：渡辺渥美

る。1950(昭和25)年1月の車輌状況では分離当時制御車状態であった247号は電動車に復帰しているが主制御器はES516-Eとなり、集電装置は戦時設計のPS13のスライダーをカーボンシューにしたPS-13改を取付けていた。PS-13改はそのほかにも233号が取付けていた。

なお、1948(昭和23)年に主制御器ES516-Dが3台購入されており、デハ230形の3輌が換装されている。数からみればデハ230形の戦災車と同数であるが、242・251・254号といずれも戦災車ではない車輌に取付けられている。特に242号は戦中からクハ状態となっていたこともあって状態不良の機器交換が行われたのかもしれない。また同年、デハ420形用の主制御器ES516-Eが実車数より多く購入された模様でデハ247号と283号に取付けられていた。241号の主電動機は本来のTDK-553AからMB-115AFに換装され台車もMCB-Rから2HEに変更されており、デハ5282号からの復旧車クハ361号は本来の2HE台車からMCB-Rに履き替えられることから交換された可能性がある。

また向かって左側1ヶ所の表示であった尾灯は連合国軍の指示により左右2灯に増設された。

デハ230形234号海側。主抵抗器が山側に移設されている。
1953.10.18　金沢文庫　P：宮田雄作

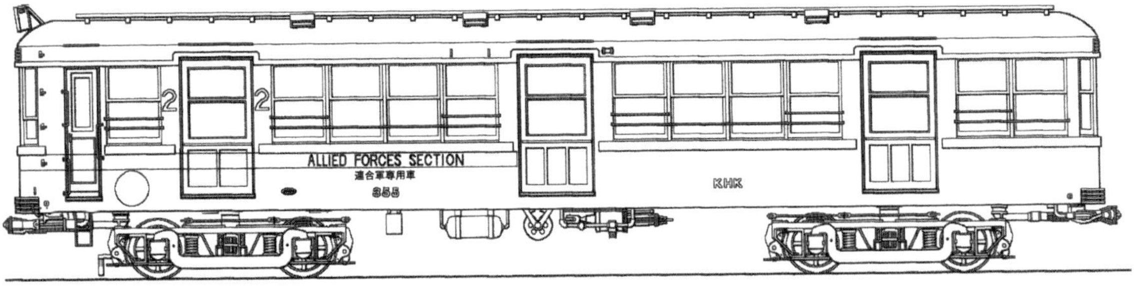

クハ350形355号　分離直後の姿。1948(昭和23)年７月、客室の1/2が連合国専用車に指定された。　作図：佐藤良介

2）クハ350形

戦災車輌は1947(昭和22)年までに半鋼製車のクハ5140形１輌とデハ5230形３輌、デハ5170形８輌、デハ5300形２輌の14輌がまがりなりにも現役復帰していたが、応急復旧の域を出ない状態であった。

デハ5230形とデハ5170形の戦災車は３扉ロングシート車のクハ5350形11輌となったが、その形態は種車の違いや復旧時期や施工業者によりわずか11輌のではあるが変化に富んでいる。クハ5351～5353号の３輌は生麦工場で本田工業所によって施工された初期復旧の車輌で屋上に通風器がなく、室内も天井張りがなく屋根の垂木が丸見えで座席が半減された状態であった。

復旧工事は引続き354～356号が本田工業所。357・358・361号は東急横浜製作所。359・360号は東横車輌で施工された。355～358号は屋上に片側４個２列の８個の通風器が設置されたが、本田工業所と東急横浜製作所の施工ではその取付け位置は同じだが通風口が本田工業所は枕木方向、東横車輌はレール方向と90度向きが異なっていた。デハ5230形の戦災復旧車クハ359～361号は通風器が設置されなかった。また全車雨樋がないので扉の上には水切りが設けられたが、本田工業所は直線、東急横浜製作所は弓形、東横車輌はその中間というか直線が一寸湾曲した程度の形状となっていた。

クハ5350形5351から5353号３輌とクハ5140形１輌の４輌は1947(昭和22)年３月に連合軍専用車に指定されていたが、1948(昭和23)年８月６日京急となってから連合軍専用室設置の追加の決定がなされ354～360号は1/2を専用室としたが、日本人乗車側の客室座席は当初半減されたままの状態であった。それに対して指定から外された361号の座席はすべて整備された。指定車は専用室の間仕切りなどの工事の完成から順次使用が始められ10月初旬にはすべて運用に入ったが、追加指定車輌の使用区間は本線品川～浦賀間に限定された。

クハ351号と352号は1949(昭和24)年11月に半鋼製無蓋電動貨車デト31号と32号を製造する時に2HE台車を電動台車とするため譲り、営団地下鉄から譲渡されたTC1000形台車に履き替えられた。

大東急時代の戦災復旧は応急復旧のレベルであったが、復興が進むにつれ座席の整備、天井板の設置などが行われ、山側品川方の運転室扉跡も埋められて側窓が新設された。

デハ5170形の戦災復旧車で屋上に通風器を備えたクハ355号を先頭にした浦賀行準急列車。クハ355の台車はTC1000に交換されている。
1953.4.27　品川　P：吉村光夫

手前のクハ359はデハ5230形の戦災復旧車で、運転室扉と側引戸間に窓がないのが特徴であった。

1953.5.10　金沢八景—金沢文庫　P：吉村光夫

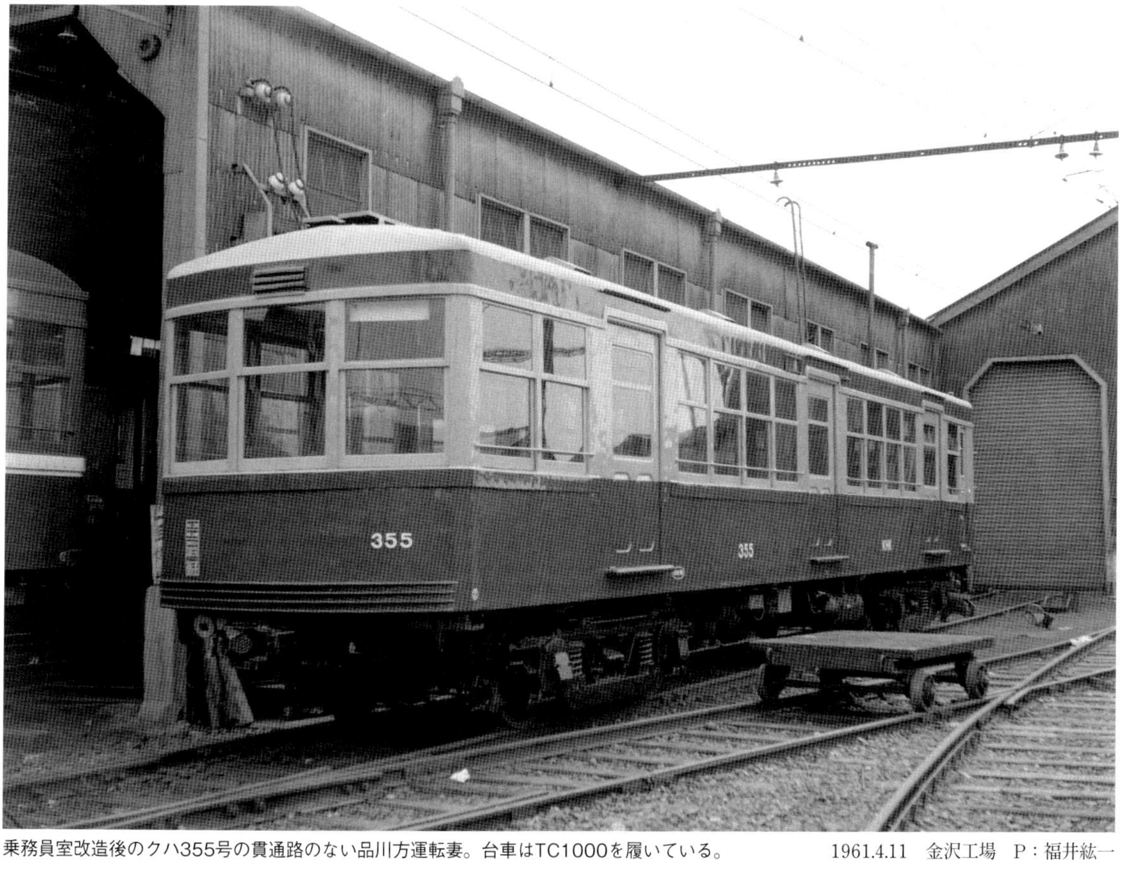

乗務員室改造後のクハ355号の貫通路のない品川方運転妻。台車はTC1000を履いている。　1961.4.11　金沢工場　P：福井紘一

クハ350形の形態

作図：佐藤良介

講和条約の発効により連合軍専用車の指定がすべて解除となり、仕切りの撤去が行われた。すでに鋼板プレス側引戸への交換や、側窓の保護棒の一部撤去、側面表示板差しなどの整備が行われ外見も整ってきた。

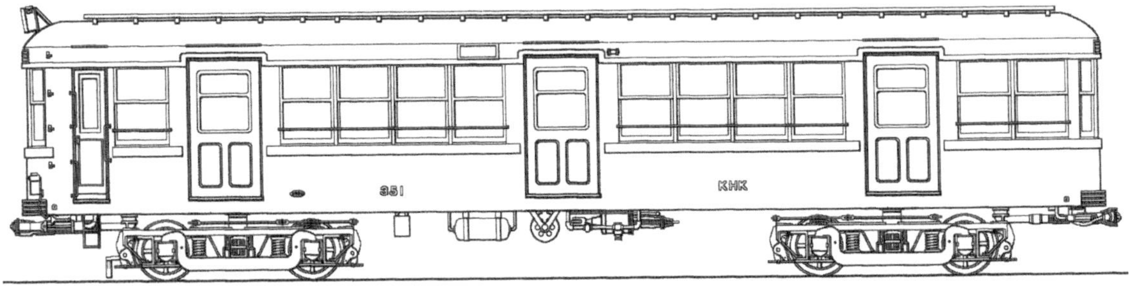

クハ350形351 ～ 354号

初期に復旧した車輌で、屋上には5230形からの復旧車と同様に通風器が設けられていない。昭和27(1952)年に電装されてデハ291 ～ 294となった。

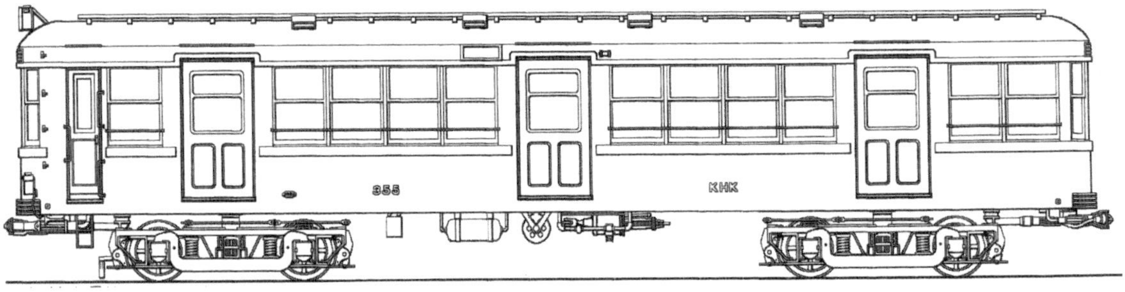

クハ350形355 ～ 356号

屋上には8個の通風器が設置された。通風口は枕木方向となっている。側引戸など扉の上部には直線形の水切りが設けられている。

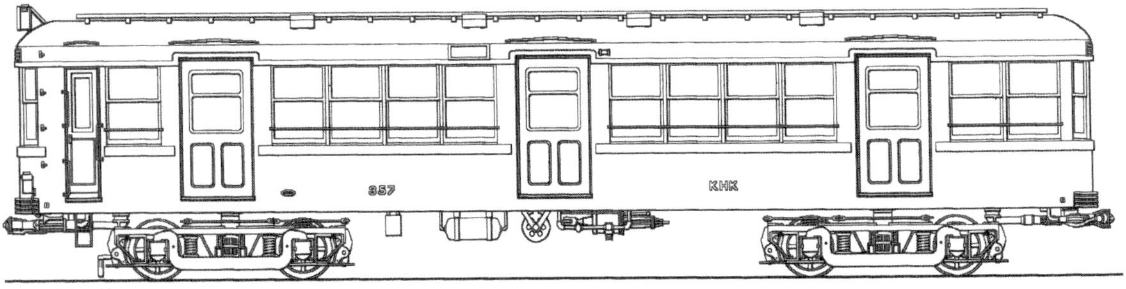

クハ350形357 ～ 358号

屋上には355 ～ 356と同様に通風器が設置されているが通風口はレール方向となっており、水切りは緩い弓形になっている。

デハ5230形からの復旧車

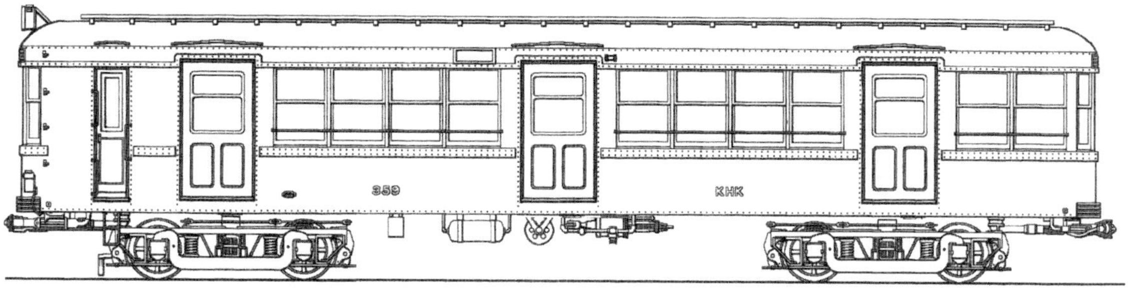

クハ350形359号海側

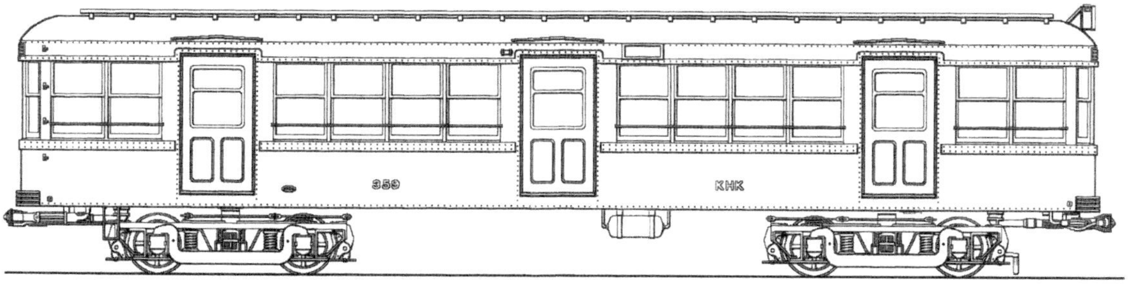

クハ350形359号山側

デハ5263の戦災復旧車で、京浜デ71形の80号だった。現車は正面幕板部には通風口がなかったが、復旧にあたり新設されている。運転室はデハ5170形の復旧車と同様に浦賀方に設けられた。品川方の運転室は客室化され、5170形の復旧車とは異なり乗務員扉は埋められ、窓が新設されて中間車のような外観となった。

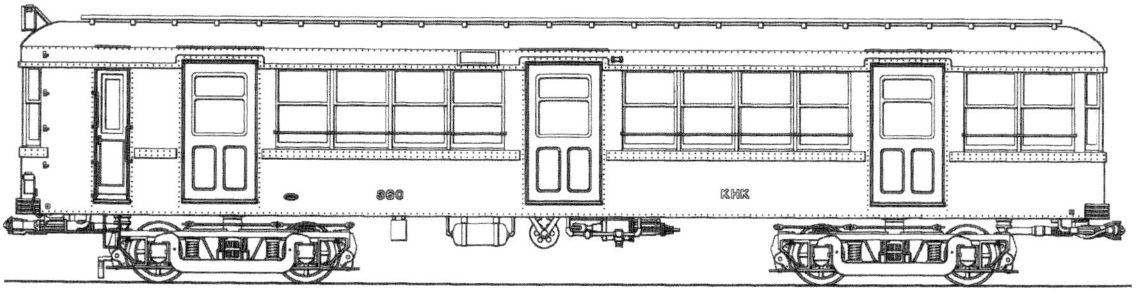

クハ350形360号

デハ5279の戦災復旧車で、デ83のラストナンバー車94号だったので、正面幕板部には通風口があったが復旧時にはなくなっている。これにより359号と車体を振り替えたという疑いがある。

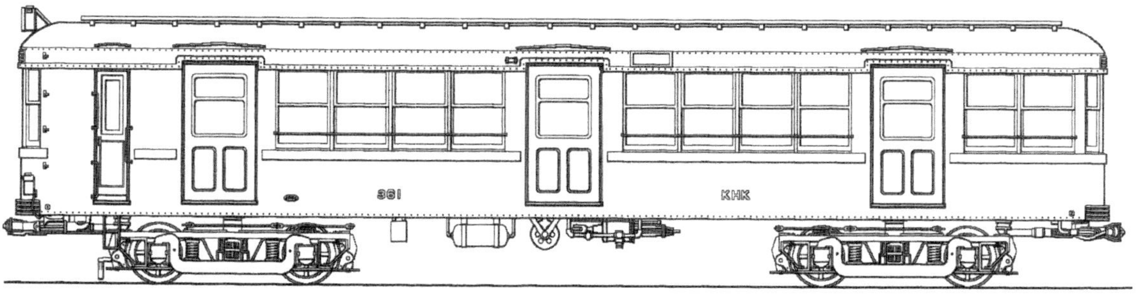

クハ350形361号

デハ5282の復旧車で車体のリベットが少なく、増設された中央側引戸の引勝手が他車と逆で、これにより戸閉知らせ灯と種別板差しの位置が異なっている

デハ230形のディテール

P：村多　正
（7点とも）

259号の運転台の左側。マスコンの左に3点式のドア開閉スイッチが見える。

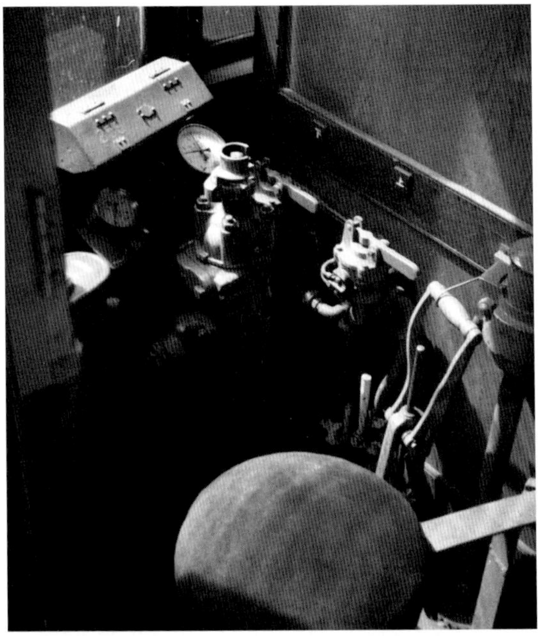

259号の運転台の右側。ブレーキ弁やパンタ昇降用のハンドポンプが見える。

285号の室内。側引戸間は長いロングシート。

259号の室内(運転室廻り)。

K-2-A連結器(左側面─正面─右側面)

MCB-R形台車（デハ254）。デハ230形（M車）用。　1954.8　金沢文庫　P：柴橋達夫

2HE形台車（デハ285）。M車用。　1960年　川崎車庫　P：村多　正

2HE形台車（クハ358）。クハ350形（T車）用。　1956.11.9　川崎車庫　P：柴橋達夫

TC1000形台車（クハ360）。クハ350形（T車）用。　1957.3.11　川崎車庫　P：柴橋達夫

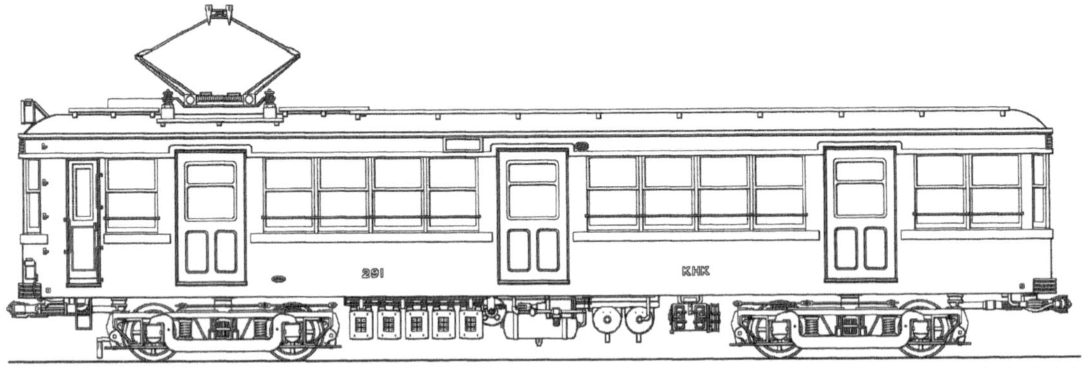

デハ290A形291 ～ 294　　作図：佐藤良介
クハ351 ～ 354を電装したもので、乗務員室は全室化された。

7. 支線増強用の小型電動車

1）クハ350形の電装デハ290A形

大師線の昇圧により600V電動車の制御車化による支線の電動車不足を補うため、戦災復旧のクハ350形のうち351 ～ 354号の4輌を1,500V電動車化としてデハ290形291 ～ 294号とした。浦賀方運転室は片隅式から全室に改められ乗務員室仕切が設けられた。品川方の痕跡を残していた山側の元乗務員室扉は埋められ側窓が新設されたが、連結妻には貫通路は設けられなかった。自重は33.5t、定員は100名（座席40名）となった。当時の新車と同じように暖房装置の設置は見送られた。主制御器は1949（昭和24）年すでに戦災復旧車クハ350形8輌の電動車復旧を計画したのか東洋電機からES516-E1を8台購入している。ES516-E1はデハ420A形のES516-Eから弱め界磁機能を除いた直列5段、並列4段である。集電装置はデハ500形と同じ新品のPT35Bを取付けた。主電動機は戦災前のデハ5170形のMB-177-Aが大東急時代にすでに全数復旧して2HE台車とともに一時デハ5140形8輌に取付けていたこともあり、修理して出力を74kW（100馬力）に増強したものが使われ、結局クハ350形の電装はこの4輌にとどまったため、残りの内2輌分は1949（昭和24）年度に木造電動無蓋貨車の更新名義で新造した半鋼製電動無蓋貨車デト31・32号に転用されている。残る2輌分は後述のデハ290B形295・296号に使用された。

デハ290A形291号。クハ351号を電装した車輌。　　1952.4.27　川崎車庫　P：長谷川弘和（所蔵：福井紘一）

デハ290形製造時の主要機器

形式	製造年	輛数	主制御装置					主電動機					台車	集電装置	電動発電機	電動空気圧縮機
			形式	直列	わたり	並列	弱界磁	形式	容量	電圧	個数	歯車比			形式	形式
デハ290A	昭27	4	ES516-E1	5	短絡	4	なし	MB-177A改	74kW	750V	4	69/22	2HE	PT35A	TDK309/1-B	D-2-N
デハ290B	昭28	2	ES516-E1	5	短絡	4	なし	MB-177A改	74kW	750V	4	69/22	2HE	NT	TDK309/1-B	D-2-N

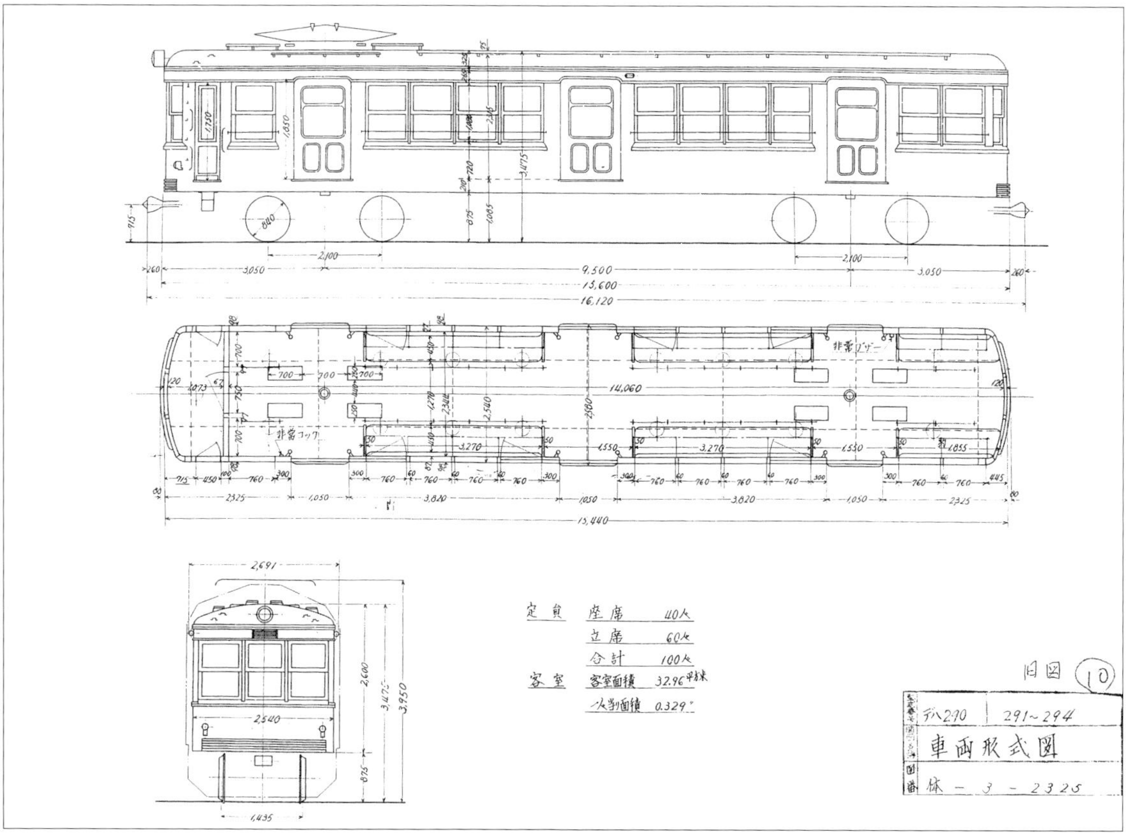

車輌形式図 デハ290形291～294

提供：京急電鉄

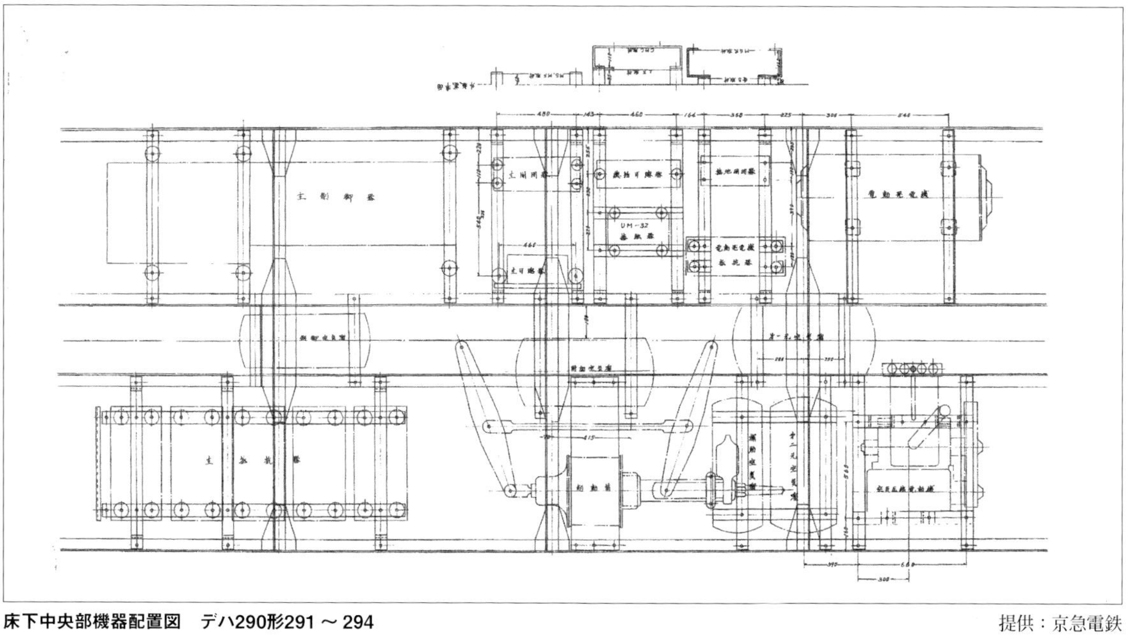

床下中央部機器配置図　デハ290形291～294

提供：京急電鉄

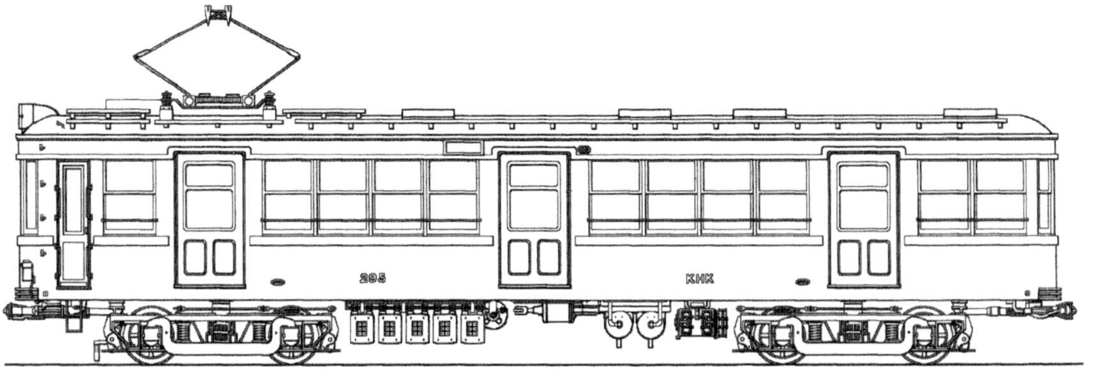

デハ290B形295・296(旧木造電動貨車デワ11・12改造名義) 作図：佐藤良介
車体は新造、クハ350形を基本にしているが若干腰高で、屋根の感じはデハ420形に近い。

2) 木造電動貨車改造のデハ 290B 形

さらに生麦車庫で遊休化していた、というよりは朽ちかけていた木造電動有蓋貨車デワ10形11・12号の２輌を電動客車とする改造が行われた。しかし改造とは名ばかりで車体は東急車輛で新造され、形式はクハ350形の電動車化により生まれたデハ290形の追番でデハ295・296号とした。このためクハ350形の電装車をデハ290A形とし、デハ290B形として区分した。この車輌の寸法はデハ290A形に準じ小型車としているが、設計基本はデハ420形に基づき、屋根の曲線などは戦後新造したデハ420形に近く、屋根頂部まではデハ290A形の3,475mmに較べ3,510mmと高く、パーマネント仕上げとして屋上にはデハ420形と同様の押込み型通風器が設けられ、床は500形・600形同様二重張りで出入口にはプレス鋼板を張っている。自重は33.5t、定員は100名(座席40名)でデハ290A形と同様で、暖房装置の設置は見送られた。乗務員室は浦賀方で運転妻の運転士側の窓は１枚ガラスの固定窓とし、前照灯は後部にカバーをつけ外見を流線形としている。また290A車のアンチクライマは戦災復旧車が４枚歯であったが、新製車体の290B車はデハ420形と同様に３枚歯となっている。

主要機器はクハ350形の電装車と同様、主電動機はデハ290A形と同様74kWに出力増強したMB-177-Aの復旧品、主制御装置はES516-E1を使用した。台車はクハ359号と360号にTC1000台車を取付け捻出した2HEとなっている。

東急横浜製作所で製造中のデハ295号。右はデハ296号。 1953.4.17 東急横浜製作所 P：堀江光雄

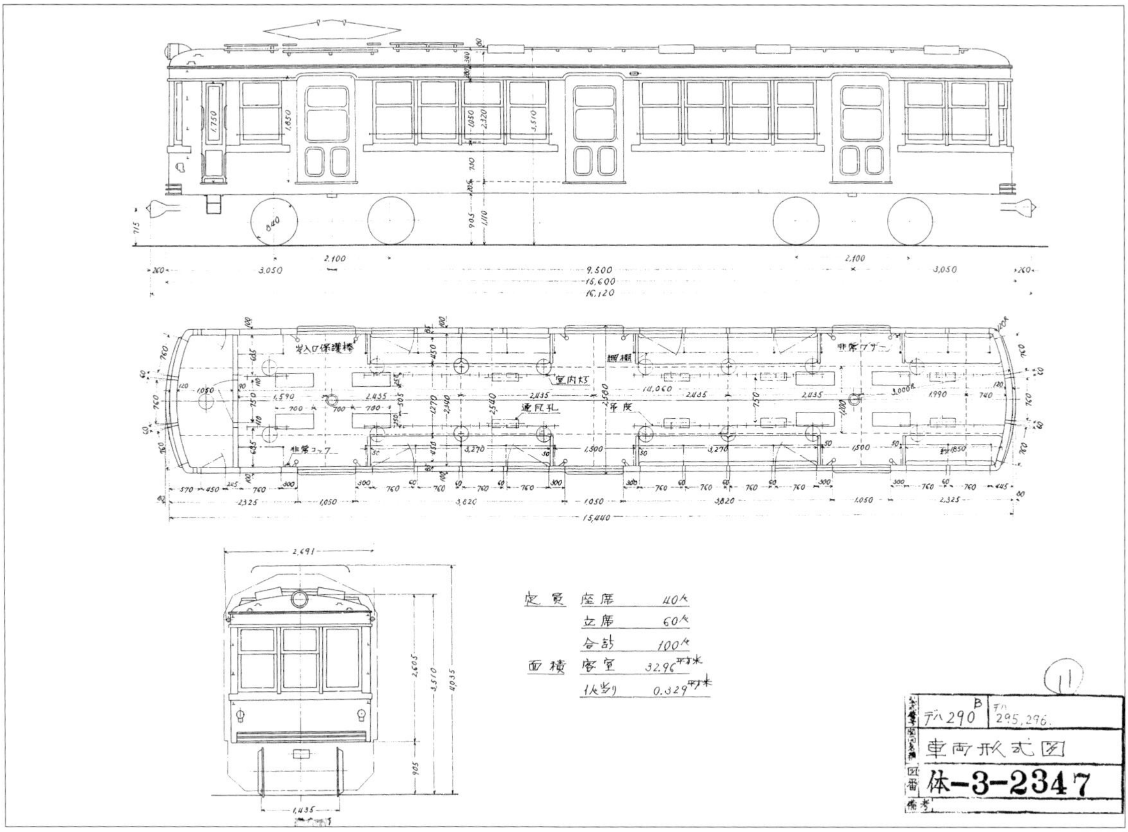

車輌形式図　デハ290形295・296　　提供：京急電鉄

集電装置はデハ290A車では新品のPT35Bを取付けているが、デハ290B車は600V車の1,500V制御車化によって取外されたものの改造転用と思われる日本鉄道自動車工業製のNTを使用している。

これらデハ290形は小出力で弱め界磁装置もないこともあって、大師・穴守線の支線専用車であった。一方でクハ350形は主に本線の制御車として使用されていた。

大師線の活躍が始まったデハ290B形。290A形に比べ運転室の窓は１枚固定となり、前照灯の後部にカバーが付いている。
1953.4　京浜川崎―港町　P：吉村光夫

専用軌道化工事が行われている品川—北品川間を行く、デハ230形トップナンバー（231号）による荷物列車。
1956.6　北品川—品川　P：吉村光夫

3）幻の荷物専用車輌

京急では各駅での手荷物、小荷物の取り扱いがかなりあったが専用車輌は保有せず、通常はデハ230形１輌で荷物列車運行が行われており、年末などの繁忙期は２輌編成や大型車で運行されていた。1951（昭和26）年10月、大師線の昇圧を目前にしてクハ350形の電装によるデハ290A形の４輌が計画されていた同時期、生麦工場の裏手に留置されていた木造有蓋電動貨車デワ5010形の２輌を半鋼製の荷物専用車に改造する構想があったようである。1952（昭和27）年年頭の車輌増備計画でも有蓋貨物電車の製造が取り上げられており、1951（昭和26）年10月にデワ10形という車輌形式図が書き起こされている。これによると車体長は14,500mmで小型車より短いが車体幅は2,700mmと大型車並で、屋根は深くずんぐりむっくりした形態である。中央部に2,000mmの両開きドアを設け、左右にそれぞれ900mmの正方形の窓を３枚設けた見付であった。台車の軸距離は2,100mmとあり、2HEの転用を計画したと思われる。しかし支線旅客車輌の増強に計画変更され、木造有蓋電動貨車改造案はデハ290B形の２輌の製造に変更となり、荷物専用車輌の製造は取りやめとなった。

デハ230形250号による荷物列車。
1961～62年頃　金沢八景—金沢文庫
P：梅木隆史

デハ230形による荷物列車。上大岡駅下り１番線で荷扱いをしているところ。　1963.9　上大岡　P：渡辺渥美

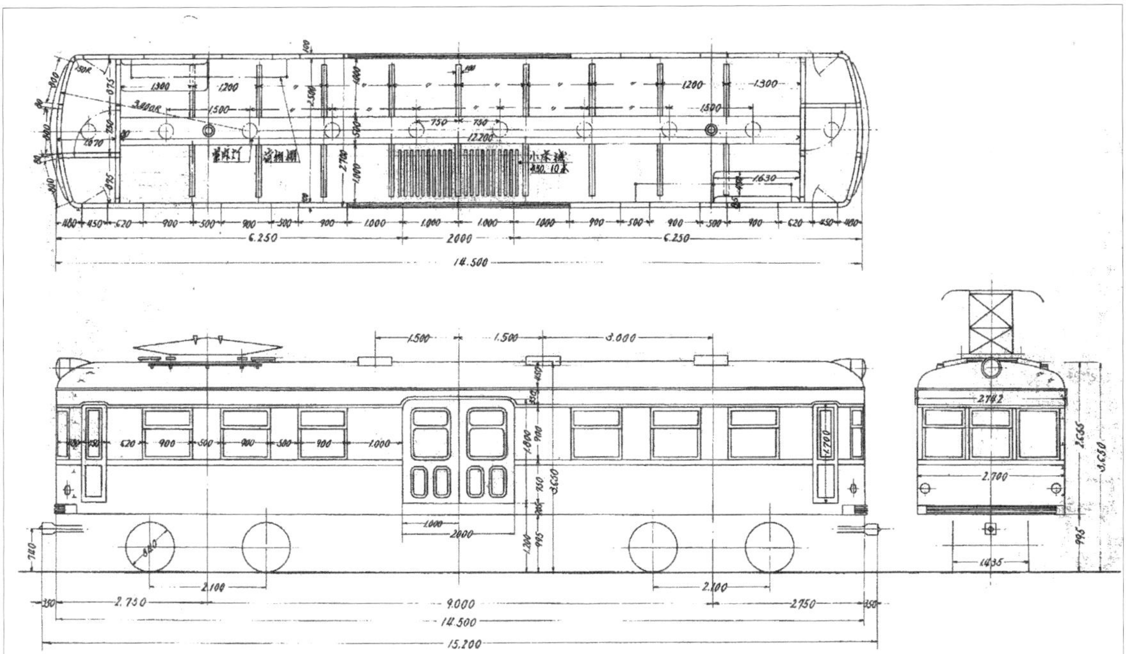

車輌形式図　デワ10形

実現しなかった電動貨車。

提供：京急電鉄

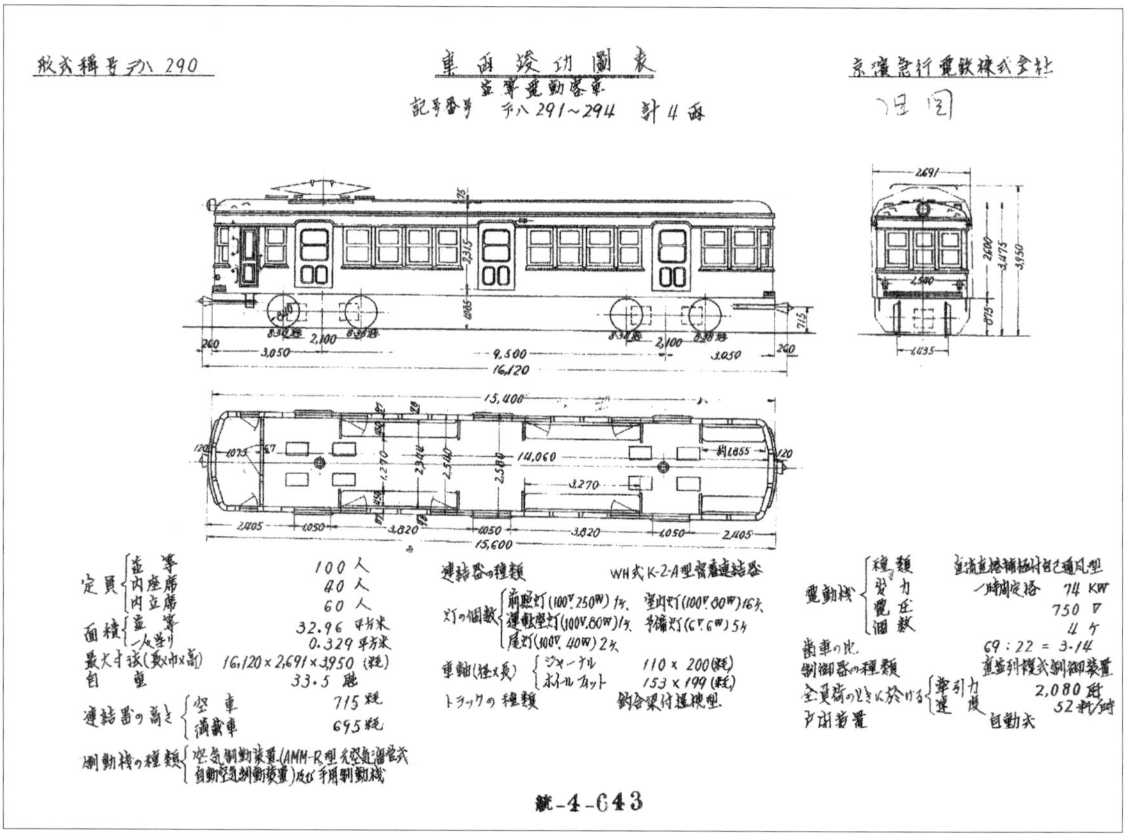

車輌竣工図表 デハ290形291 〜 294

提供：京急電鉄

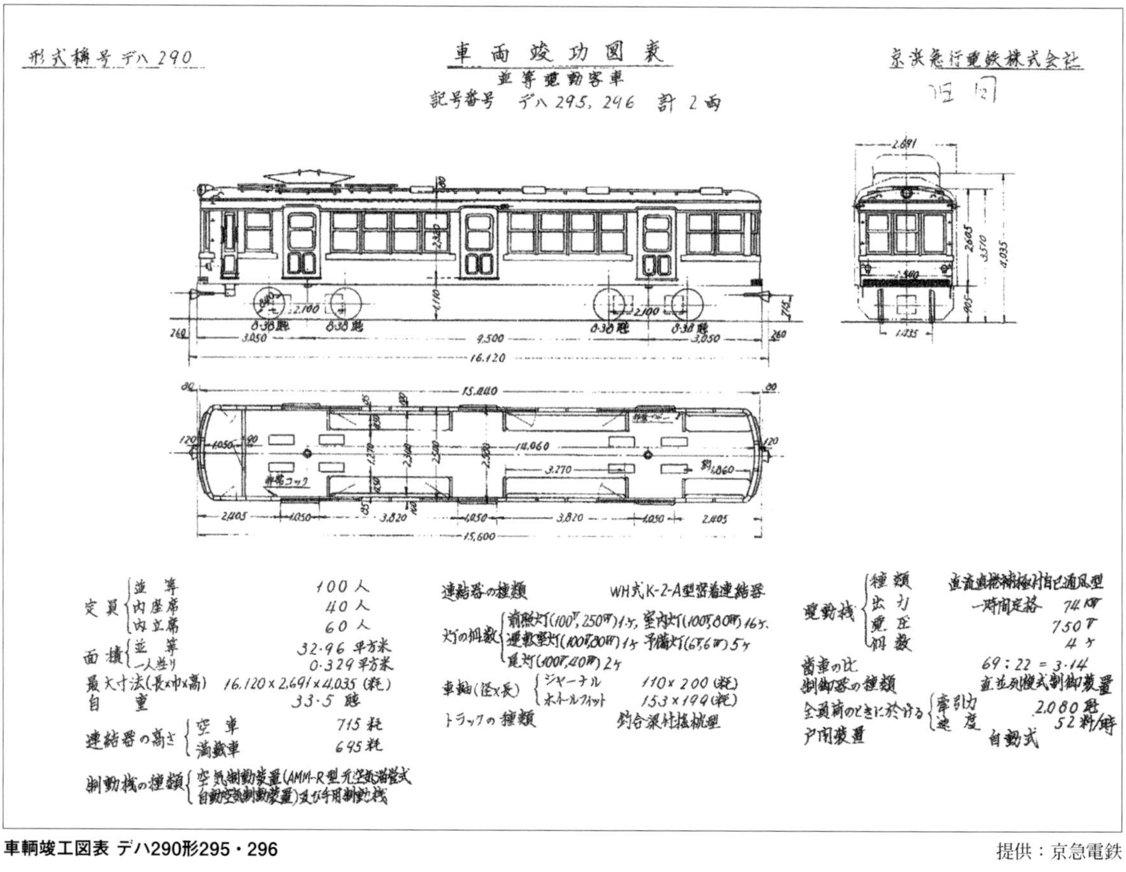

車輌竣工図表 デハ290形295・296

提供：京急電鉄

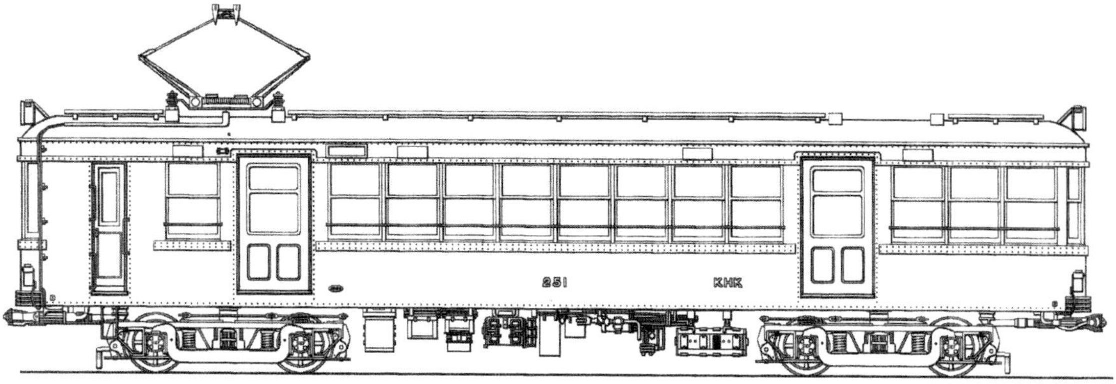

デハ230形　1955(昭和30)年以降の231 ～ 255号の姿　作図：佐藤良介

単電圧、床下機器配置変更後の形態。運転室窓ガラスの1枚固定化、側引戸鋼製プレスドア化、側面表示板差しが新設されている。

8. 車輌の体質改善

戦災復旧工事が一段落すると、防火対策の緊急工事もあったが、戦前の水準を超えるまでの体質改善工事に着手した。全面的な更新工事までには至らないが、暖房設備など失われた機能の復帰や安全対策、乗務員室など各所に手が加えられ見違えるまでに整備された。

1）車体外表示枠の整備

速達列車の運行が始まると列車種別の表示を明確にするため、従来の正面幕板部および側面側引戸間中央部の231 ～ 255号(元湘南デ１形)の窓下腰板部、256号以降の幕板部の表示板取付けに代わり、海側は第一扉、山側は第二扉の戸袋窓上の幕板部に差し込み式の表示板差を設け、正面は従来通りの行先方向板のほかに運転台側窓下に運行番号と種別(普通列車の場合は

鋼板プレスドアに改造されたデハ230形245号(山側)。　1956.10　金沢文庫　P：吉村光夫

運転室改造前のクハ350形360号。運転室廻りはデ１形一党の面影をとどめている。　1956.10.15　川崎車庫　P：柴橋達夫

運行番号のみ）を一体化した表示板掛けを設けた。これら表示の整備とともに特急は赤、急行は青、準急は緑のシンボルカラーが定着し、駅の停車駅案内をはじめとしたすべてに統一して用いられた。

2）鋼板プレスドアへ交換

戦時中にデ１形の軽合金の側引戸も木製に交換されてしまったが、国鉄で満員電車の老朽木製ドアが破損、乗客が転落死する事故もあり、木製ドアから鋼製ドアへの交換が始められた。デハ420A形に使用されたのは国鉄63形の規格品で側窓と不揃いの三枚ガラスの鋼板プレスドアであったが、1950（昭和25）年製のデハ420B形から京急の側窓と窓桟の位置を揃えた二枚ガラスになり在来車輌も交換した。一方、運転室ドアは木製のままであった。

運転室改造のため川崎工場に入場したクハ350形360号。
1956.10.15　川崎車庫
P：柴橋達夫

3）クハ 350 形の運転室改造

デハ290形はクハ350形の電装車291 ～ 294号のA形とデワ5010形更新名義の295・296号のB形は全室乗務員室となったが、残されたクハ355号以降のクハ350形は1956(昭和31) 年７月に全室乗務員室改造の認可を受けてデハ290形と同様の全室の乗務員室に改造され、355 ～ 358号は11月16日、359 ～ 361号の元デハ5230形からの改造車は同月27日に竣功届が提出された。デハ5170形の戦災復旧車の355 ～ 358号は品川方山側に残っていた乗務員扉を埋められ側窓が新設、デハ5230形からの復旧車の359 ～ 361号は乗務員室ドアを車端寄りに移設して側引戸間を広げ、側窓を１枚新設して358号以前と大きな形態の差異はなくなった。この改造により乗務員室方の車端部は座席がなくなり定員は103名から100名に、座席定員も44名から40名に減少しデハ290A、B形と同様となった。

この改造により360号の運転妻幕板に通風口が新設された。これによって359号との個体区別差が失われ、車体振替の疑いを証明する証拠が失われた。

デハ230形も同時期に運転士側の窓を一枚ガラスの固定窓とする改造が行われた。

デハ5230形からの戦災復旧車の運転室改造後の形態

作図：佐藤良介（３枚とも）

クハ350形もデハ290形と同様の全室乗務員室化が行われたが、デハ5230形からの復旧車は運転室扉の位置を移動して側窓を新設して車体見付はデハ5170形の復旧車と大差なくなったが、リベットのあることが違いとして残っている。

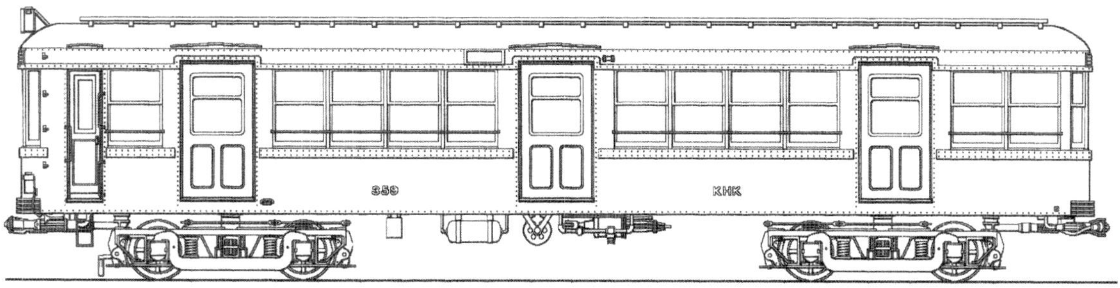

クハ359号

一見355 ～ 358号までと同じになったが、詳細な各部の寸法は微妙に異なっている。

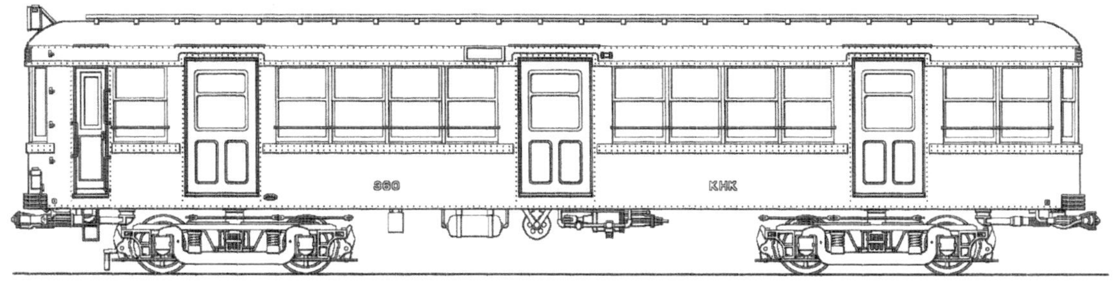

クハ360号

この改造で全車に正面幕板通風口が設けられたので、359号との車体交換が行われたのではないかという確証がなくなってしまった。

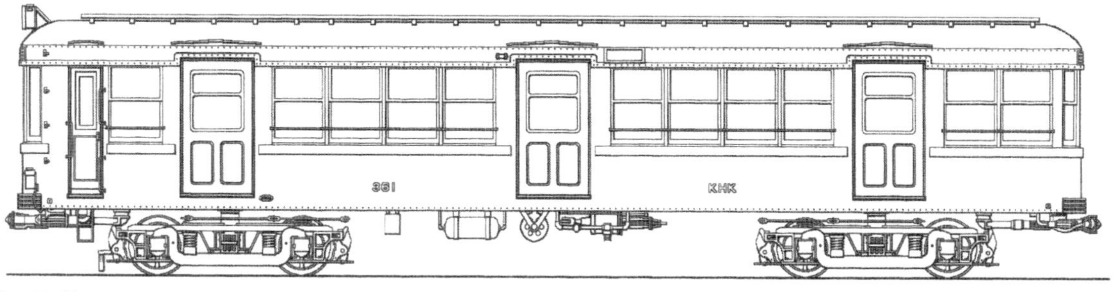

クハ361号

リベットの少ないデ26形が種車という特徴と中央側引戸の引き勝手の違いが残されている

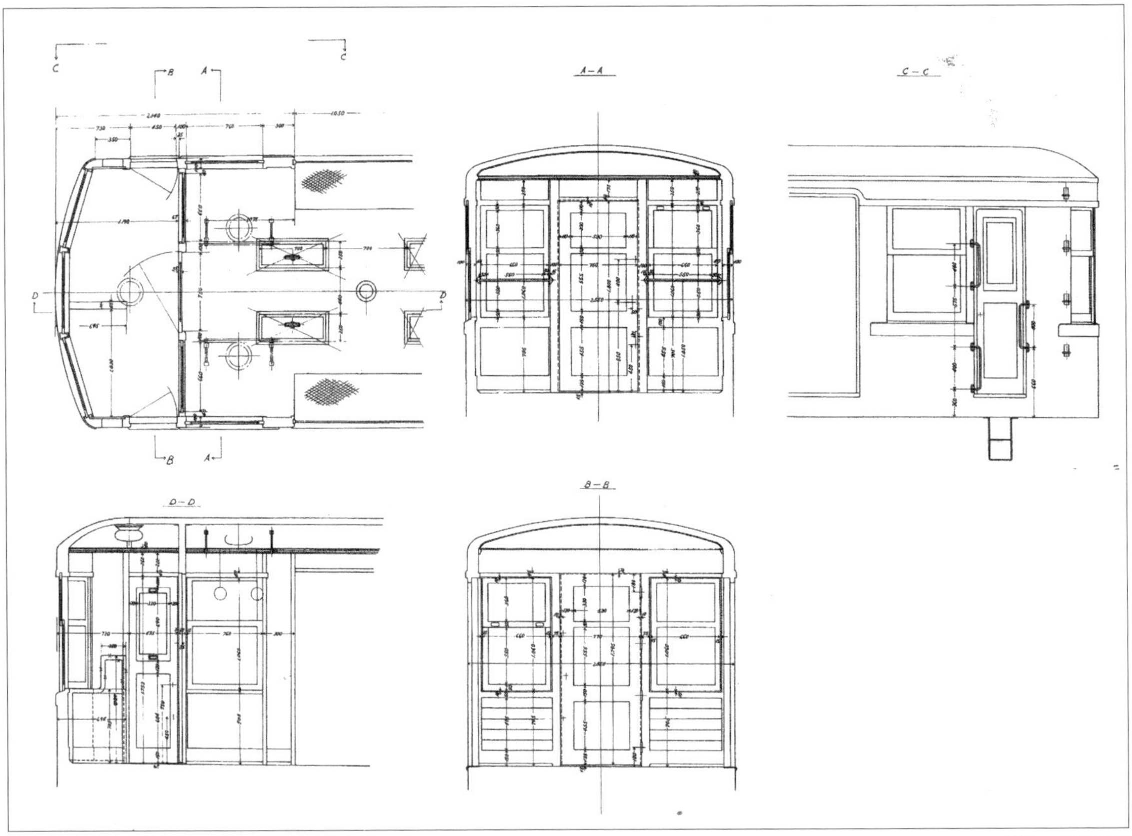

クハ350形運転室改造見付　　提供：京急電鉄

デハ232号とデハ255号(手前)。232号は品川方の集電装置取付台と水切りは撤去されている。　1962年　金沢文庫　P：梅木隆史

4）天井板鋼板化と暖房設備の設置

戦時中から暖房装置が機能停止となり、戦後は防火対策のため取付けが見送られてきたが、1956(昭和31)年製造の京急初のカルダン車700(Ⅰ)形から装備が再開された。引続き在来車にも取付けが始められ、1958(昭和33)年5月から9月にかけてデハ291～294号とクハ355～361号の天井板をベニアから鋼板に変更し、同年12月にはデハ230形とデハ290形に1車あたり120V、500w13個の電気暖房装置が取付けられた。

引続き翌1959(昭和34)年11月にはクハ355～361号とクハ140形全車に同様の電気暖房装置が取付けられ、これにより京急旅客車輌すべてに暖房装置が設置された。

5）車輌最大幅の拡幅

1959(昭和34)年に登場した浅草線相互直通運転用のデハ1000(Ⅰ)形は、1号線規格として在来大型車の車体幅2,700(最大幅2,740) mmより広い2,780mmとしたため、車体幅2,540(最大幅2,691) mmのデハ230形など小型車との差が大きくなり乗降に危険なため、1960(昭和35)年出入り口下部の台枠に山形鋼のL字形の補強を溶接、上面に滑り止めの縞鋼板を貼ったステップを取付けたことにより、小型車の最大幅は大型在来車と同等の2,740mmに拡幅された。すでに戦時中、デハ5300形大型車導入時にホームを削っており旧来の軌道線車輌の木造車や半鋼製車のデハ5140形(→クハ140形)は側引戸部分に張出ステップが取付けられていたが、湘南デ1形以降の鉄道線(地方鉄道法)車輌では図面まで起こされていたものの実施されずにいたものであった(上巻35頁図参照)。

6）車輌の近代化に向けて

大型在来車では一連の工事で2輌貫通固定編成化とともに乗務員室の整備、放送設備の新設、客室照明の蛍光灯など変更が行われたが、デハ230形をはじめとした小型車は戦前製で車齢も高くかつ戦災を受けた車輌もあるものの、これまで全般的な車輌更新工事が行われずにきたが、いよいよ車輌近代化に併設して車輌全般におよぶ更新工事を1962(昭和37)年度下期から着手することになった。やがて訪れる都心直通運転、保有車輌の過半数を超え主力が高性能車輌に移る時代に対応するため、大型吊掛け駆動車を含めて車輌形式の統合とそれに伴う改番など、京急の車輌状況が大きく変わる始まりともなった。

ドア下にステップが取り付けられたデハ230形240号。　1962.11.14　金沢検車区　P：福井紘一

■デハ230形 車歴表

旧車号		京急成立による改番		単電圧化	母線変更	建設規定改	暖房装置取付
湘南・京浜	大東急	竣功届日		竣功届日	竣功届日	竣功届日	竣功届日
湘南デ1	デハ5231	デハ231	昭23.12.24	昭26. 9.14	昭26.12.28	昭27.10.20	昭33.12.15
デ2	デハ5232	デハ232	昭23.12.24	昭26. 9.14	昭26.12.28	昭27.10.20	昭33.12.15
デ3	デハ5233	デハ233	昭23.12.24	昭26. 9.14	昭26.12.28	昭27.10.20	昭33.12.15
デ4	デハ5234	デハ234	昭23.12.24	昭26. 9.14	昭26.12.28	昭27.10.20	昭33.12.15
デ5	デハ5235	デハ235	昭23.12.24	昭26. 9.14	昭26.12.28	昭27.10.20	昭33.12.15
デ6	デハ5236	デハ236	昭23.12.24	昭26. 9.14	昭26.12.28	昭27.10.20	昭33.12.15
デ7	デハ5237	デハ237	昭23.12.24	昭26. 9.14	昭26.12.28	昭27.10.20	昭33.12.15
デ8	デハ5238	デハ238	昭23.12.24	昭24.12.20	昭26.12.28	昭27.10.20	昭33.12.15
デ9	デハ5239	デハ239	昭23.12.24	昭24.12.20	昭26.12.28	昭27.10.20	昭33.12.15
デ10	デハ5240	デハ240	昭23.12.24	昭24.12.20	昭26.12.28	昭27.10.20	昭33.12.15
デ11	デハ5241	デハ241	昭23.12.24	昭24.12.20	昭26.12.28	昭27.10.20	昭33.12.15
デ12	デハ5242	デハ242	昭23.12.24	昭24.12.20	昭26.12.28	昭27.10.20	昭33.12.15
デ13	デハ5243	デハ243	昭23.12.24	昭24.12.20	昭26.12.28	昭27.10.20	昭33.12.15
デ14	デハ5244	デハ244	昭23.12.24	昭26. 9.14	昭26.12.28	昭27.10.20	昭33.12.15
デ15	デハ5245	デハ245	昭23.12.24	昭24.12.20	昭26.12.28	昭27.10.20	昭33.12.15
デ16	デハ5246	デハ246	昭23.12.24	昭24.12.20	昭26.12.28	昭27.10.20	昭33.12.15
デ17	デハ5247	デハ247	昭23.12.24	昭24.12.20	昭26.12.28	昭27.10.20	昭33.12.15
デ18	デハ5248	デハ248	昭23.12.24	昭24.12.20	昭26.12.28	昭27.10.20	昭33.12.15
デ19	デハ5249	デハ249	昭23.12.24	昭24.12.20	昭26.12.28	昭27.10.20	昭33.12.15
デ20	デハ5250	デハ250	昭23.12.24	昭24.12.20	昭26.12.28	昭27.10.20	昭33.12.15
デ21	デハ5251	デハ251	昭23.12.24	昭24.12.20	昭26.12.28	昭27.10.20	昭33.12.15
デ22	デハ5252	デハ252	昭23.12.24	昭24.12.20	昭26.12.28	昭27.10.20	昭33.12.15
デ23	デハ5253	デハ253	昭23.12.24	昭24.12.20	昭26.12.28	昭27.10.20	昭33.12.15
デ24	デハ5254	デハ254	昭23.12.24	昭24.12.20	昭26.12.28	昭27.10.20	昭33.12.15
デ25	デハ5255	デハ255	昭23.12.24	昭26. 9.14	昭26.12.28	昭27.10.20	昭33.12.15
京浜デ71	デハ5256	デハ256	昭23.12.24	昭24.12.10	昭26.12.28	昭27.10.20	昭33.12.15
デ72	デハ5257	デハ257	昭23.12.24	昭24.12.10	昭26.12.28	昭27.10.20	昭33.12.15
デ73	デハ5258	デハ258	昭23.12.24	昭24.12.10	昭26.12.28	昭27.10.20	昭33.12.15
デ74	デハ5259	デハ259	昭23.12.24	昭24.12.10	昭26.12.28	昭27.10.20	昭33.12.15
デ75	デハ5260	デハ260	昭23.12.24	昭24.12.10	昭26.12.28	昭27.10.20	昭33.12.15
デ76	デハ5261	デハ261	昭23.12.24	昭24.12.10	昭26.12.28	昭27.10.20	昭33.12.15
デ77	デハ5262	デハ262	昭23.12.24	昭24.12.10	昭26.12.28	昭27.10.20	昭33.12.15
デ78	デハ5263	デハ263	昭23.12.24	昭24.12.10	昭26.12.28	昭27.10.20	昭33.12.15
デ79	デハ5264	デハ264	昭23.12.24	昭24.12.10	昭26.12.28	昭27.10.20	昭33.12.15
デ80	デハ5265	戦災→クハ359					
デ81	デハ5266	デハ266	昭23.12.24	昭24.12.10	昭26.12.28	昭27.10.20	昭33.12.15
デ82	デハ5267	デハ267	昭23.12.24	昭24.12.10	昭26.12.28	昭27.10.20	昭33.12.15
京浜デ83	デハ5268	デハ268	昭23.12.24	昭24.12.10	昭26.12.28	昭27.10.20	昭33.12.15
デ84	デハ5269	デハ269	昭23.12.24	昭24.12.10	昭26.12.28	昭27.10.20	昭33.12.15
デ85	デハ5270	デハ270	昭23.12.24	昭24.12.10	昭26.12.28	昭27.10.20	昭33.12.15
デ86	デハ5271	デハ271	昭23.12.24	昭24.12.10	昭26.12.28	昭27.10.20	昭33.12.15
デ87	デハ5272	デハ272	昭23.12.24	昭26. 9.14	昭26.12.28	昭27.10.20	昭33.12.15
デ88	デハ5273	デハ273	昭23.12.24	昭24.12.10	昭26.12.28	昭27.10.20	昭33.12.15
デ89	デハ5274	デハ274	昭23.12.24	昭24.12.10	昭26.12.28	昭27.10.20	昭33.12.15
デ90	デハ5275	デハ275	昭23.12.24	昭24.12.10	昭26.12.28	昭27.10.20	昭33.12.15
デ91	デハ5276	デハ276	昭23.12.24	昭24.12.10	昭26.12.28	昭27.10.20	昭33.12.15
デ92	デハ5277	デハ277	昭23.12.24	昭24.12.10	昭26.12.28	昭27.10.20	昭33.12.15
デ93	デハ5278	デハ278	昭23.12.24	昭24.12.10	昭26.12.28	昭27.10.20	昭33.12.15
デ94	デハ5279	戦災→クハ360					
湘南デ26	デハ5280	デハ280	昭23.12.24	昭24.12.10	昭26.12.28	昭27.10.20	昭33.12.15
デ27	デハ5281	デハ281	昭23.12.24	昭24.12.10	昭26.12.28	昭27.10.20	昭33.12.15
デ28	デハ5282	戦災→クハ361					
デ29	デハ5283	デハ283	昭23.12.24	昭24.12.10	昭26.12.28	昭27.10.20	昭33.12.15
デ30	デハ5284	デハ284	昭23.12.24	昭24.12.10	昭26.12.28	昭27.10.20	昭33.12.15
デ31	デハ5285	デハ285	昭23.12.24	昭24.12.10	昭26.12.28	昭27.10.20	昭33.12.15

■クハ350形 車歴表

旧車号			京急成立による改番		電動車改造竣功日		建設規定改	貨車改造(名義)増備		運転室改造	天井鋼板化	暖房装置取付
京浜・湘南	大東急	戦災復旧					竣功届日		竣功届日	竣功届日	竣功届日	竣功届日
京浜デ101	デハ5171	クハ5351	クハ351	昭23.12.24	デハ291	昭27. 3.31	昭27.10.20				昭33.7.11	昭33.12.15
デ102	デハ5172	クハ5352	クハ352	昭23.12.24	デハ292	昭27. 3.31	昭27.10.20				昭33.7.11	昭33.12.15
デ103	デハ5173	クハ5353	クハ353	昭23.12.24	デハ293	昭27. 3.31	昭27.10.20				昭33.7.11	昭33.12.15
デ104	デハ5174	クハ5354	クハ354	昭23.12.24	デハ294	昭27. 3.31	昭27.10.20				昭33.7.11	昭33.12.15
デ105	デハ5175	クハ5355	クハ355	昭23.12.24			昭27.10.20			昭31. 8.31	昭33.7.11	昭34.12.-
デ106	デハ5176	クハ5356	クハ356	昭23.12.24			昭27.10.20			昭31. 8.31	昭33.7.11	昭34.12.-
デ107	デハ5177	クハ5357	クハ357	昭23.12.24			昭27.10.20			昭31. 8.31	昭33.7.11	昭34.12.-
デ108	デハ5178	クハ5358	クハ358	昭23.12.24			昭27.10.20			昭31. 8.31	昭33.7.11	昭34.12.-
京浜デ80	デハ5265	クハ5359	クハ359	昭23.12.24			昭27.10.20			昭31.11.30	昭33.7.11	昭34.12.-
京浜デ94	デハ5279	クハ5360	クハ360	昭23.12.24			昭27.10.20			昭31.11.30	昭33.7.11	昭34.12.-
湘南デ28	デハ5282	クハ5361	クハ361	昭23.12.24			昭27.10.20			昭31.11.30	昭33.7.11	昭34.12.-
							デワ11→	デハ295	昭28. 4.16			昭33.12.15
							デワ12→	デハ296	昭28. 4.16			昭33.12.15

■京浜急行電鉄客車主要機器一覧表(抜粋)

1950(昭和25)年1月9日現在

車号	元車号	主電動機	主制御器	集電装置	電動発電機	台車	電動空気圧縮機	戸閉機	空気制動装置	所属
デハ231	湘南デ1	TDK553-A	ES508-A	C-2	307-A	MCB-R	D-2-N	H-1	AMM	文庫
232	2	TDK553-A	ES508-A	C-2	307-A	MCB-R	D-2-N	H-1	AMM	文庫
233	3	TDK553-A	ES508-A	PS-13	307-A	MCB-R	D-2-N	H-1	AMM	文庫
234	4	TDK553-A	ES508-A	C-2	307-A	MCB-R	D-2-N	H-1	AMM	文庫
235	5	TDK553-A	ES508-A	C-2	307-A	MCB-R	D-2-N	H-1	AMM	文庫
236	6	TDK553-A	ES508-A	C-2	307-A	MCB-R	D-2-N	H-1	AMM	文庫
237	7	TDK553-A	ES508-A	C-2	307-A	MCB-R	D-2-N	H-1	AMM	文庫
238	8	TDK553-A	ES508-A	C-2	307-A	MCB-R	D-2-N	H-1	AMM	文庫
239	9	TDK553-A	ES508-A	C-2	307-A	MCB-R	D-2-N	H-1	AMM	文庫
240	10	TDK553-A	ES508-A	C-2	307-A	MCB-R	D-2-N	H-1	AMM	文庫
241	11	MB-115-AF	ES508-A	C-2	307-A	2HE	D-2-N	H-1	AMM	文庫
242	12	TDK553-A	ES516-D	C-2	307-A	MCB-R	D-2-N	H-1	AMM	文庫
243	13	TDK553-A	ES508-A	C-2	307-A	MCB-R	D-2-N	H-1	AMM	文庫
244	14	TDK553-A	ES508-A	C-2	307-A	MCB-R	D-2-N	H-1	AMM	文庫
245	15	TDK553-A	ES508-A	C-2	307-A	MCB-R	D-2-N	H-1	AMM	文庫
246	16	TDK553-A	ES508-A	C-2	307-A	MCB-R	D-2-N	H-1	AMM	文庫
247	17	TDK553-A	ES516-E	PS-13	307-A	MCB-R	D-2-N	H-1	AMM	文庫
248	18	TDK553-A	ES508-A	C-2	307-A	MCB-R	D-2-N	H-1	AMM	文庫
249	19	TDK553-A	ES508-A	C-2	307-A	MCB-R	D-2-N	H-1	AMM	文庫
250	20	TDK553-A	ES508-A	C-2	307-A	MCB-R	D-2-N	H-1	AMM	文庫
251	21	TDK553-A	ES516-D	C-2	307-A	MCB-R	D-2-N	H-1	AMM	文庫
252	22	TDK553-A	ES508-A	C-2	307-A	MCB-R	D-2-N	H-1	AMM	文庫
253	23	TDK553-A	ES508-A	C-2	307-A	MCB-R	D-2-N	H-1	AMM	文庫
254	24	TDK553-A	ES516-D	C-2	307-A	MCB-R	D-2-N	H-1	AMM	文庫
255	25	TDK553-A	ES508-A	C-2	307-A	MCB-R	D-2-N	H-1	AMM	文庫
256	京浜デ71	MB-115-AF	ES510-A	C-5	307-A'	2HE	D-2-N	EG-11E	AMM	川崎
257	72	MB-115-AF	ES510-A	C-5	307-A'	2HE	D-2-N	EG-11E	AMM	川崎
258	73	MB-115-AF	ES510-A	C-5	307-A'	2HE	D-2-N	EG-11E	AMM	川崎
259	74	MB-115-AF	ES510-A	C-5	307-A'	2HE	D-2-N	EG-11E	AMM	川崎
260	75	MB-115-AF	ES510-A	C-5	307-A'	2HE	D-2-N	EG-11E	AMM	川崎
261	76	MB-115-AF	ES510-A	C-5	307-A'	2HE	D-2-N	EG-11E	AMM	川崎
262	77	MB-115-AF	ES510-A	C-5	307-A'	2HE	D-2-N	EG-11E	AMM	川崎
263	78	MB-115-AF	ES510-A	C-5	307-A'	2HE	D-2-N	EG-11E	AMM	川崎
264	79	MB-115-AF	ES510-A	C-5	307-A'	2HE	D-2-N	EG-11E	AMM	川崎
265	80	戦災→クハ359号								
266	81	MB-115-AF	ES510-A	C-5	307-A'	2HE	D-2-N	EG-11E	AMM	川崎
267	82	MB-115-AF	ES510-A	C-5	307-A'	2HE	D-2-N	EG-11E	AMM	川崎
268	京浜デ83	MB-115-AF	ES510-B	C-5	307/1-A	2HE	D-2-N	EG-11E	AMM	川崎
269	84	MB-115-AF	ES510-A	C-5	307/1-A	2HE	D-2-N	EG-11E	AMM	川崎
270	85	MB-115-AF	ES510-A	C-5	307/1-A	2HE	D-2-N	EG-11E	AMM	川崎
271	86	MB-115-AF	ES510-A	C-5	307/1-A	2HE	D-2-N	EG-11E	AMM	川崎
272	87	MB-115-AF	ES510-A	C-5	307/1-A	2HE	D-2-N	EG-11E	AMM	川崎
273	88	MB-115-AF	ES510-A	C-5	307/1-A	2HE	D-2-N	EG-11E	AMM	川崎
274	89	MB-115-AF	ES510-A	C-5	307/1-A	2HE	D-2-N	EG-11E	AMM	川崎
275	90	MB-115-AF	ES510-A	C-5	307/1-A	2HE	D-2-N	EG-11E	AMM	川崎
276	91	MB-115-AF	ES510-A	C-5	307/1-A	2HE	D-2-N	EG-11E	AMM	川崎
277	92	MB-115-AF	ES510-A	C-5	307/1-A	2HE	D-2-N	EG-11E	AMM	川崎
278	93	MB-115-AF	ES510-A	C-5	307/1-A	2HE	D-2-N	EG-11E	AMM	川崎
279	94	戦災→クハ360号								
280	湘南デ26	MB-115-AF	ES510-B	C-5	307/2-A	2HE	D-2-N	EG-11E	AMM	川崎
281	27	MB-115-AF	ES510-B	C-5	307/2-A	2HE	D-2-N	EG-11E	AMM	川崎
282	28	戦災→クハ361号								
283	29	MB-115-AF	ES516-E	C-5	307/2-A	2HE	D-2-N	EG-11E	AMM	川崎
284	30	MB-115-AF	ES510-B	C-5	307/2-A	2HE	D-2-N	EG-11E	AMM	川崎
285	31	MB-115-AF	ES510-B	C-5	307/2-A	2HE	D-2-N	EG-11E	AMM	川崎
クハ351	京浜デ101					TC1000		DEB-2A/TK-4	ACM	文庫
352	102					TC1000		DEB-2A/TK-4	ACM	文庫
353	103					2HE		DEB-2A/TK-4	ACM	川崎
354	104					2HE		DEB-2A/TK-4	ACM	川崎
355	105					2HE		DEB-2A/TK-4	ACM	川崎
356	106					2HE		DEB-2A/TK-4	ACM	川崎
357	107					2HE		DEB-2A/TK-4	ACM	川崎
358	108					2HE		DEB-2A/TK-4	ACM	文庫
359	京浜デ80					2HE		DEB-2A/TK-4	ACM	文庫
360	京浜デ94					2HE		DEB-2A/TK-4	ACM	文庫
361	湘南デ28					MCB-R		DEB-2A/TK-4	ACM	文庫

中巻のおわりに

昭和20年代後半から30年代後半にかけての時代は、今振り返ってみると驚異的な経済発展を遂げ、敗戦国から一躍戦勝国と肩を並べるまでに回復した。しかし急速な変革にすべてが追い付かず、都市への人口集中に鉄道も殺人的な混雑による通勤を強いられるようになった。戦禍をくぐり抜けてきたデハ230形は全般的な更新も受けずに、車齢を重ねながらも戦後生まれの車輛に混じり増加の一途をたどる輸送に対応してきた。

しかしながら寄る年波には抗えず、車内や設備は老朽化が目に付くようになり廃車の声が聞こえてもおかしくない車齢となり、いよいよ近代化工事の名のもとに全面的な更新工事を受けることになった。下巻では更新によって赤に白帯の塗装に変更となり、いよいよ終の棲家となる京急発祥の路線大師線で終焉を迎えることになるまでのデハ230形の姿を追ってみる。

佐藤良介

金沢文庫に到着する下り３輛編成列車（デハ230形＋クハ140形＋デハ230形）。
1955.8.21　谷津坂（現：能見台）―金沢文庫
P：柴橋達夫